044 360 vor Nahgüterzug Ng 63242 bei Bad Driburg auf anstrengender Bergfahrt Richtung Altenbeken, aufgenommen am 5. April 1976.

Udo Paulitz

Dampfimpressionen in Deutschland

transpress
spezial

Impressum

Einbandgestaltung: Dos Luis Santos

Titelbild: Mit einer Übergabe nach Osterrode (Harz) hat die 050 473 des Bw Lehrte im September 1974 den Bahnhof Herzberg verlassen. Foto: Udo Paulitz.

Rücktitel: Mit einer mächtigen Rauchwolke setzt am 6. April 1974 die 012 061 im Bahnhof Lingen einen Eilzug in Bewegung.

Schmutztitel: Mit dem E 1631 Düsseldorf_Norddeich-Mole verlässt die 012 066 an einem kühlen Herbstmorgen im Oktober 1973 um 8.52 Uhr den Bahnhof Meppen.

Seite128: *Der Mohr hat seine Schuldigkeit getan.* Abendstimmung auf einem Nebengleis des Bw Ottbergen, auf dem fünf 44er ihre letzte Fahrt zum Schneidbrenner erwarten. Dieses wehmütig stimmende Bild entstand am 10. April 1976.

Fotonachweis: Sofern nicht anders vermerkt, stammen die Fotos vom Autor.

Zeichnungen: Die Zeichnungen wurden, sofern nicht anders vermerkt, der transpress-Reihe »Deutsches Lok-Archiv« entnommen.

Das Kapitel »Auf schmalen Spuren« wurde von Fritz Borchert, Berlin, verfasst.

ISBN: 3-613-71207-5

Spezialausgabe: 1. Auflage 2002

Lektorat: Claus-Jürgen Jacobson
Innengestaltung: Viktor Stern
Druck: Gulde Druck, 72070 Tübingen
Bindung: Karl Dieringer, 70839 Gerlingen
Printed in Germany

Inhalt

Fahrt in den Herbstmorgen:
Der Eilzug E 1806 nach Rheine, geführt von der Lokomotive 012 092, in voller Fahrt südlich von Salzbergen, Oktober 1971.

Flachlandrenner

Schnellzuglokomotiven im Einsatz

Die großrädrigen Schnellzugdampflokomotiven standen schon immer im Mittelpunkt des Interesses der Bahnverwaltungen und der Betrachter, denn dem Reiz, den diese gewaltigen und beeindruckenden Maschinen vermitteln, kann sich kaum jemand entziehen. Auf die Konstruktion dieser Lokomotiven wurde seit jeher besonderer Wert gelegt, waren sie doch dazu ausersehen, Höchstleistungen bei der Beförderung schneller und schwerer Reisezüge zu vollbringen. Die Leistungsfähigkeit einer Bahnverwaltung wurde vor allem an ihren Schnellzuglokomotiven gemessen. Die von einer Schnellzugdampflok geforderten Eigenschaften – große Zugkraft verbunden mit überdurchschnittlicher Schnelligkeit – waren zwei gegenläufige konstruktive Komponenten, deren Lösung die Lokomotivbauer oft genug vor große Probleme stellte. Hohe Drehzahlen, steigender Verschleiß und der Ausgleich der Massenkräfte waren besonders zu beachten. So spielte es für die Wahl des Treib- und Kuppelraddurchmessers eine große Rolle, ob die Maschinen überwiegend auf Flachlandstrecken oder im Berg- und Hügelland eingesetzt werden sollten.

Bis auf die Preußische Staatsbahn, die auf die leistungsfähigen S 10-Lokomotiven mit der Achsfolge 2'C setzte, stellten alle größeren deutschen Länderbahnverwaltungen Lokomotiven der 1905 erstmals eingeführten Pacific-Bauart mit der Achsfolge 2'C1' in Dienst. Damals entstanden sehr leistungsfähige, teilweise in Vierzylinder-Verbundbauweise ausgeführte Maschinen, allen voran die berühmte bayerische S 3/6 und die badische IV h, die mit 2100 mm Treibraddurchmesser sehr schnell war, aber trotz ihrer hervorragenden Laufeigenschaften immer ein Schattendasein führte. Aber auch die württembergische Klasse C und die sächsische XVIII H waren leistungsfähige Maschinen.

Die nach dem Ersten Weltkrieg entstandene Deutsche Reichsbahn-Gesellschaft (DRG) stellte schon bald ein Beschaffungsprogramm für Lokomotiven auf, das auf einheitlicher Normung und Typisierung möglichst vieler Bauteile basierte.

Die erste Einheits-Schnellzuglokomotive war die 1925 erstmals gebaute 2'C1'-Lokomotive der Baureihe 01 mit Zweizylinder-Triebwerk und 20 t Achsfahrmasse.

Für den Betrieb auf Haupt- und Nebenstrecken mit leichterem Oberbau entstand ab 1930 die für 18 t Achsfahrmasse ausgelegte BR 03 in ansonsten weitgehend identischer Bauweise.

Die Zweizylindermaschinen besaßen wegen des schlechten Massenausgleichs einen unruhigen Lauf und die Zuckschwingungen in den ersten Wagen waren für die Fahrgäste recht störend.

Nachdem die DRG ab 1934 die Fahrzeiten im hochwertigen Reisezugdienst verkürzt hatte und die neuen Einheitsloks an der Grenze ihrer Leistungsfähigkeit angelangt waren, entschloß sich die Hauptverwaltung der DRG zum Bau dreizylindriger Lokomotiven der Baureihe 01^{10} (für 20 t Achsfahrmasse) und 03^{10} als leichtere Variante für 18 t. Beide Baureihen wurden mit einer den Schnellfahrlokomotiven der Baureihe 05 (Achsfolge 2'C2') entsprechenden Stromlinienverkleidung, welche enorme Leistungsgewinne im höheren Geschwindigkeitsbereich brachte, ausgerüstet. Eine Lok der Baureihe 05 erzielte am 11. Mai 1936 mit 200, 4 km/h den Geschwindigkeitsweltrekord für Dampflokomotiven.

1939 wurden zwei riesige 2'D2'-Loks der Baureihe 06 gebaut, die sich aber nicht bewährten, obwohl eine Schnellzuglok mit vier Treibradsätzen für schwere Schnellzüge in den Mittelgebirgen immer wieder gefordert worden war.

Insgesamt stellten die deutschen Eisenbahnen weit über 900 Pacific-Schnellzuglokomotiven in Dienst.

Nach Kriegsende war es mit dem Geschwindigkeitsrausch erst einmal vorbei. Man war froh, wenn eine Lokomotive überhaupt betriebsfähig war, denn jede Lok wurde dringend benötigt. Schon bald ging man aber bei der 1949 gegründeten Deutschen Bundesbahn dazu über, nicht mehr als reparaturwürdig befundene Maschinen und sogenannte Splittergattungen, von denen nur wenige Loks existierten, auszumustern. Die weiterhin als Deutsche Reichsbahn firmierende Bahn in der ehemaligen Sowjetischen Besatzungszone und späteren DDR mußte aufgrund des großen Lokmangels weitaus vorsichtiger ans Werk gehen.

Zu Beginn der 50er Jahre begann sich der Fahrdienst wieder zu normalisieren. Die Schnellzugdampfloks beider deutschen Bahnverwaltungen mußten nun – trotz ihres teilweise schon hohen Alters – Schwerstarbeit leisten und Langläufe vollbringen, die jene der Vorkriegszeit oft übertrafen.

So erzielten bei der DB im Jahre 1959 60 Loks der Baureihen 01, 01^{10} und 03^{10} tägliche Laufleistungen von über 650 km, wobei drei Loks der Baureihe 01^{10} des Bw Bebra mit der Tageshöchstleistung von 945 km pro Lok an der Spitze lagen. Im Sommerfahrplan 1968 leisteten 39 Schnellzuglokomotiven immerhin noch laufplanmäßige Leistungen von 623 km pro Maschine.

Anfang der 50er Jahre konnte man auf die Dampftraktion im Schnellzugdienst noch keineswegs verzichten. Deshalb wurden bei der DB und bei der DR viele Maschinen mehr oder weniger umfangreichen Umbauten unterworfen. Ein Teil der Loks erhielt Neubaukessel und andere personalsparende und leistungssteigernde Einrichtungen, wozu insbesondere die Ölfeuerung zählte. Bei diesen Umbauten und Rekonstruktionen ging die DR insgesamt konsequenter vor als die DB und erzielte damit sehr gute Erfolge. Dies war vor allem auf den erwähnten Lokmangel zurückzuführen. Es war auch abzusehen, daß die Dampfloks der DR noch weitaus länger als bei der DB in Betrieb bleiben würden.

Die Kessel vieler DRG-Maschinen waren aus dem nicht alterungsbeständigen Stahl St 37 K gefertigt, der im täglichen Einsatz schon bald Ermüdungserscheinungen und Risse zeigte, sodaß sich – unabhängig voneinander – beide Bahnverwaltungen entschlossen, die meisten Maschinen mit neuen, geschweißten Hochleistungskesseln, die über Verbrennungskammern und Mischvorwärmeranlagen verfügten, zu versehen.

Der ab Mitte der 50er Jahre bei der DB eingeleitete Strukturwandel ließ den Planbedarf an Schnellzugdampflokomotiven ständig zurückgehen. Während 1957 noch 381 Loks pro Tag benötigt wurden, war der

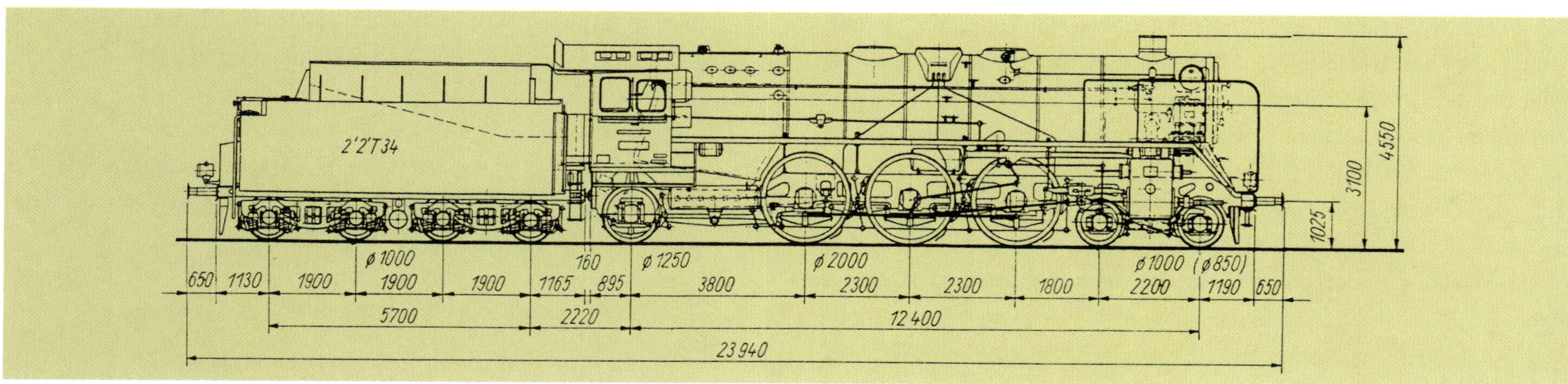

Einheitslok BR 01.

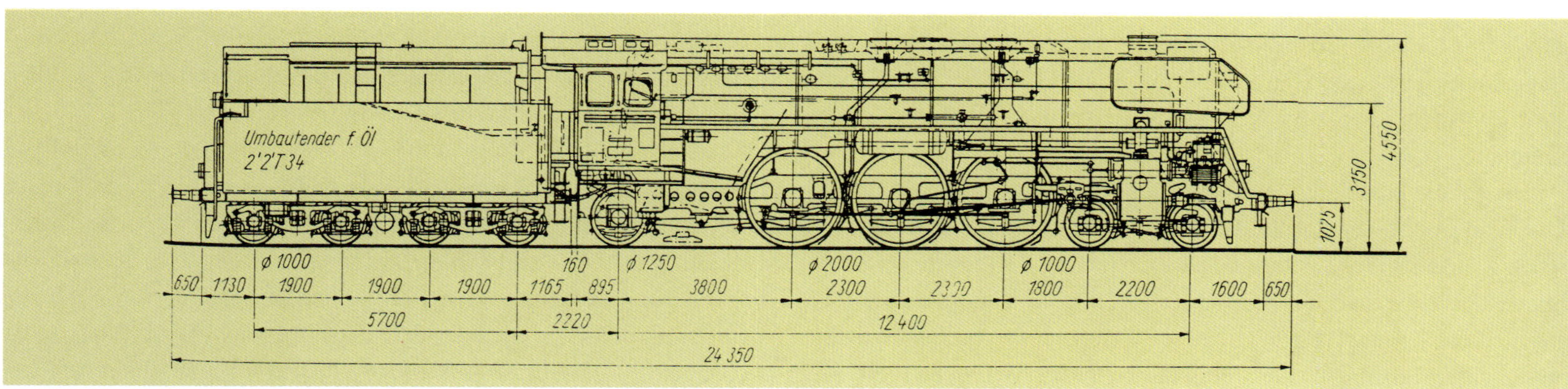

BR 01^{5} mit Ölhauptfeuerung.

Bedarf 1959 auf 306 Maschinen gesunken. 1968 wurden nur noch 53 Schnellzugdampfloks benötigt. Diesel- und E-Loks hatten die Dampfloks schon weitgehend verdrängt. Das baldige Ende zeichnete sich ab. Während bei der DB 1957 noch zwei Schnellzugdampfloks der Baureihe 10 aus dem Neubauprogramm entstanden – sie mußten bereits 1967 bzw. 1968 den Dienst quittieren – unterzog die DR zwischen 1962 und 1964 insgesamt 35 zweizylindrige 01-Lokomotiven einer umfassenden Rekonstruktion, die fast einem Neubau gleichkam.

Im Jahre 1968 standen bei der DB und der DR noch folgende Schnellzug-Baureihen im Einsatz:

DB	DR
01 (Alt- u. Neubaukessel)	01 (Altbaukessel)
01^{10} (Kohle- und Ölfeuerung)	01^{5}
03	03
	03^{10}
	18 201, 18 314, 19

Baureihe 01 (Alt- und Neubaukessel, DB und DR)

Von der 2'C1'-Pacific-Schnellzuglokomotive der Baureihe 01 wurden zwischen 1925 und 1938 insgesamt 231 Maschinen gefertigt. Weitere zehn Maschinen entstanden durch Umbau der Vierzylinder-Verbundloks der Baureihe 02.

Der Treib- und Kuppelraddurchmesser betrug 2000 mm. Ab der Betriebsnummer 01 102 erhielten die Loks vorne Laufräder mit 1000 mm Durchmesser anstelle der ursprünglichen mit 850 mm. Außerdem wurden die Bremsen verstärkt, sodaß die zulässige Höchstgeschwindigkeit von 120 km/h auf 130 km/h heraufgesetzt werden konnte. In der Ursprungsausführung besaß die Baureihe 01 die großen Windleitbleche der Bauart Wagner. Bei der DR liefen die Maschinen bis zum Schluß in dieser Form.

Zur DB gelangten nach Kriegsende insgesamt 171 Maschinen, von denen fünf wegen zu großer Schäden ausgemustert werden mußten.

Bei der DR verblieben 70 Loks, deren Zahl sich ebenfalls um fünf auszumusternde Maschinen reduzierte.

1950/51 rüstete die DB fünf Maschinen mit Heinl-Mischvorwärmern aus. Luft- und Speisepumpen wurden bei den DB-Loks zur Verbesserung der Sichtverhältnisse zur Fahrzeugmitte hin verlegt und die großen Windleitbleche durch kleinere der Bauart Witte ersetzt. Zwischen 1958 und 1961 rüstete die DB 50 Loks der Baureihe (ab der Betriebsnummer 102) mit neuen, geschweißten Hochleistungskesseln aus. Die dadurch bedingten konstruktiven Änderungen an Zylinderblock, vorderem Rahmenteil und Umlauf verliehen den Loks ein besonders wuchtiges Aussehen. Abgesehen von schwergängigen Heißdampfreglern und der

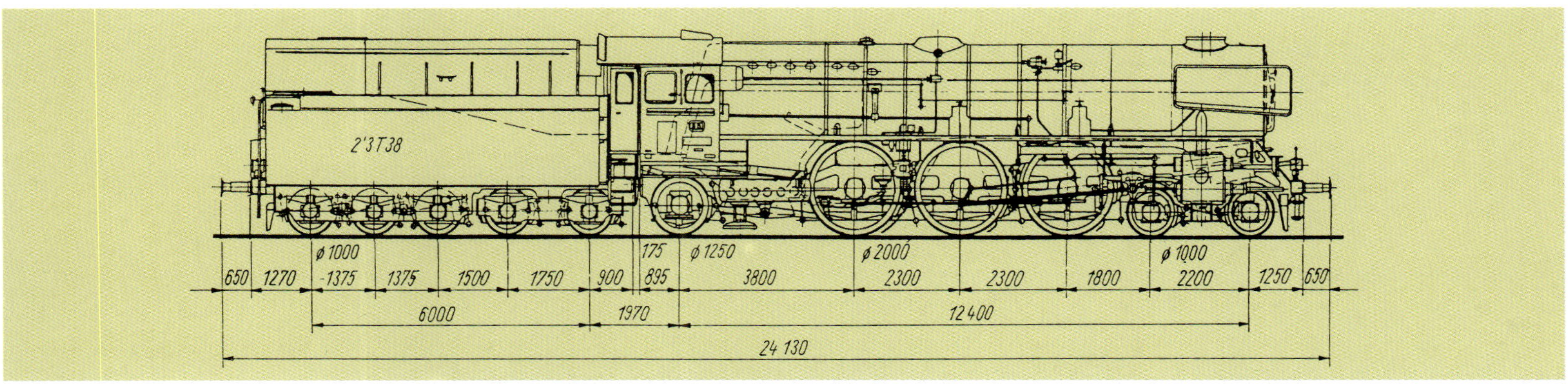

BR 01^{10} (Umbau DB) mit Ölhauptfeuerung.

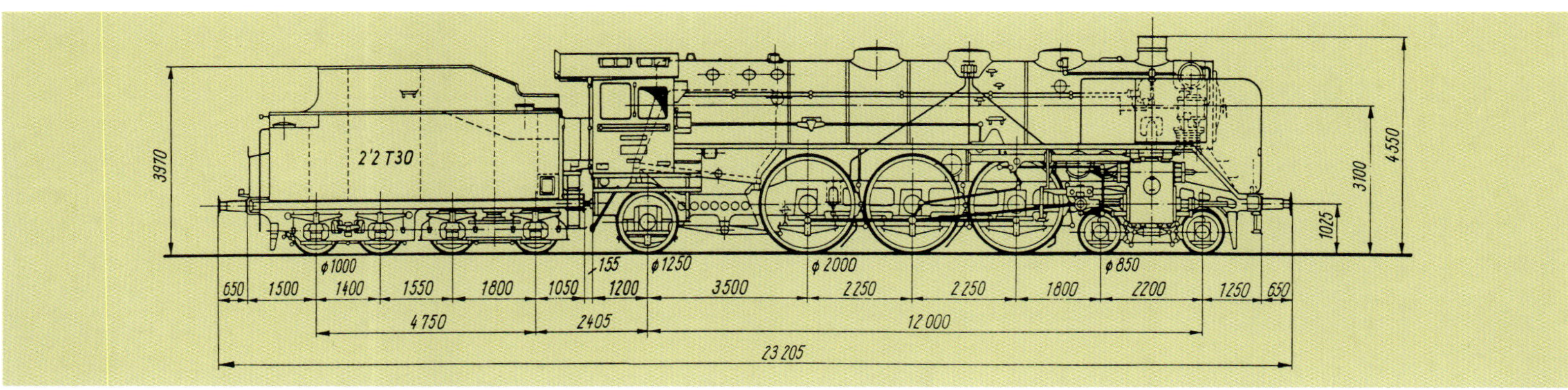

Einheitslok BR 03.

Neigung zum Wasserreißen bewährten sich die Umbau-Maschinen recht gut.

Beide DB-Varianten waren ab ca. 1971 beim Bw Hof konzentriert. Während die letzte DB-01 – 01 111 mit Altbaukessel – am 6. März 1974 ausgemustert wurde, rollten die letzten Loks der DR erst 1982 auf das Abstellgleis, nachdem sie bis zum Schluß zum großen Teil noch im schweren Schnellzugdienst eingesetzt worden waren.

Baureihe 01^{5} (DR)

Nachdem das Projekt einer Neubaulok der Baureihe 01^{20} nicht mehr ausgeführt werden sollte, entschloß sich die DR 1959, ihren Bestand an 01-Loks noch für längere Zeit für den schweren Schnellzugdienst zu erhalten. Sie bezog daher diese Baureihe in ihr Rekonstruktionsprogramm ein, dessen Ziel eine Leistungssteigerung, verbunden mit der Beseitigung konstruktiver Mängel, war.

In den Jahren 1962 bis 1965 wurden an insgesamt 35 Maschinen der Baureihe 01 umfangreiche Änderungen und Umbauten vorgenommen. Die fortan als Baureihe 01^{5} bezeichneten Loks besaßen neue, geschweißte Kessel mit Verbrennungskammern. Der Kessel konnte unter Ausnutzung des Lichtraumprofils höher gelegt werden. Auch die übrigen Änderungen an Rahmen, Laufwerk und Zylindern waren sehr umfangreich.

Bis auf sieben Lokomotiven wurden alle Maschinen mit einer Ölhauptfeuerung ausgerüstet oder später dafür umgebaut.

Diese außerordentlich leistungsfähigen Maschinen, die anfangs von den Bw Erfurt und Wittenberge aus auch den Interzonenverkehr bedienten, bildeten bis zur Abstellung im Jahre 1981 eine der Hauptstützen im schweren Schnellzugdienst der DR.

Baureihe 01^{10} (DB)

An allen 55 gebauten Lokomotiven der Baureihe 01^{10}, die sich nach 1945 vollzählig im Bereich der DB befanden, wurden zunächst die Stromlinienverkleidungen entfernt. Die überwiegend betriebsunfähig abgestellten Maschinen richtete man wieder für den Betriebsdienst her.

Doch schon bald zeigten sich an dem aus St 47 K hergestellten Kessel Alterungserscheinungen in Form von Rissen. Daher entschloß sich die DB, die noch vorhandenen 54 Loks mit neuen Kesseln auszurüsten. Zwischen 1953 und 1957 erhielten alle Loks neue Kessel mit Verbrennungskammern.

Im Jahre 1956 erhielt die 01 1100 als erste Lok eine Ölhauptfeuerung, 1957/58 wurden weitere 33 Loks entsprechend umgerüstet. Erst in dieser Ausführung konnten die Maschinen richtig zeigen, was in ihnen steckte.

Die Loks waren im schweren Schnellzugdienst lange Zeit unentbehrlich. Zuletzt waren die Maschinen den Bw Osnabrück (für den Einsatz auf

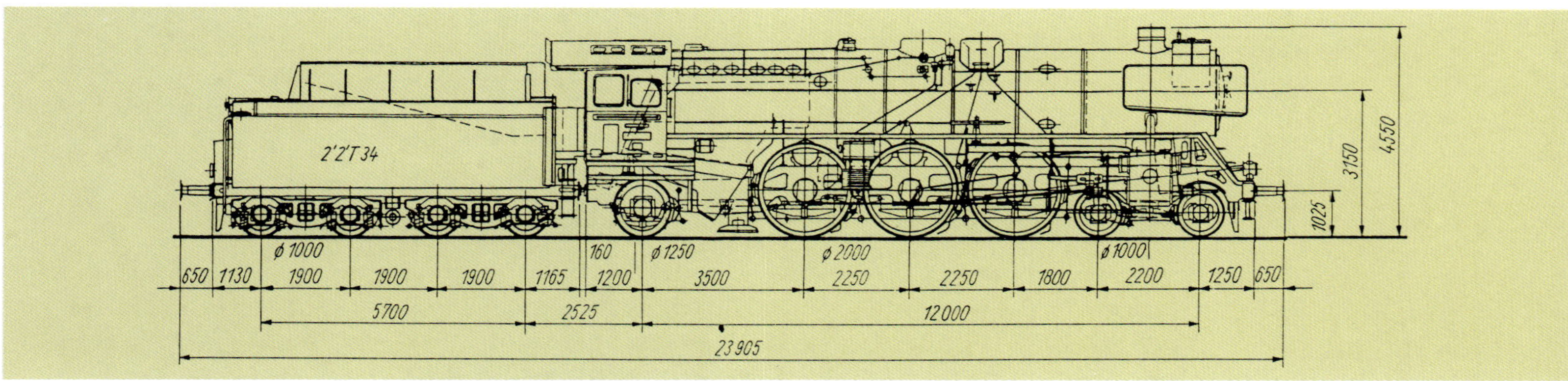

BR 03^{10} (Umbau DR) mit Rostfeuerung.

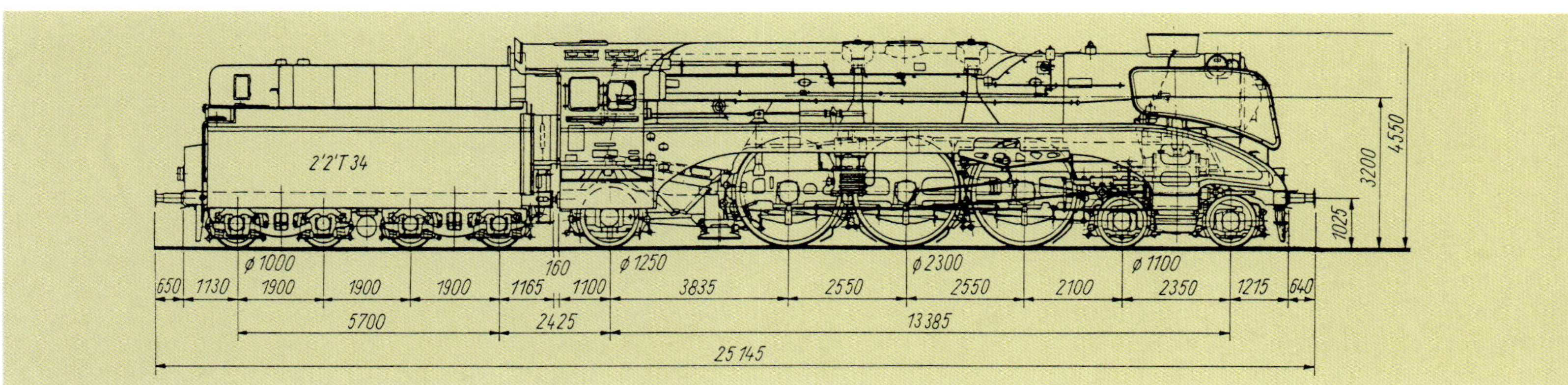

18 201 (Umbau DR aus 61 002).

der »Rollbahn« Osnabrück - Hamburg) und Hamburg-Altona (für den Einsatz auf der »Marschbahn« Hamburg - Westerland) zugeteilt, ehe die übrig gebliebenen Loks schließlich beim Bw Rheine für den Einsatz auf der Emslandstrecke Münster - Norddeich zusammengezogen wurden. Mit der Außerdienststellung der letzten sieben Maschinen am 31.5.1975 endete dort der Einsatz der letzten Pacific-Schnellzugloks bei der DB.

Baureihe 03 (DB und DR)

Insgesamt 298 Einheitsloks der Baureihe 03 mit 18 t Achsfahrmasse als leichtere Variante der Baureihe 01 ließ die DRG bauen. Davon befanden sich nach Kriegsende bei der DB 150 Maschinen, bei der DR 86. Der Rest verblieb in Polen und in der Sowjetunion oder wurde nach starken Beschädigungen ausgemustert.

Die DB nahm an den Maschinen nur wenige Änderungen vor, um die konstruktiven Mängel der Baureihe abzustellen, obwohl die Maschinen vor immer schwereren Zügen und in strafferen Fahrplänen überfordert waren. Am 1. Januar 1968 befanden sich nur noch 46 DB-Maschinen im Einsatzbestand, die sämtlich bis September 1972 im Bw Ulm, dem Auslauf-Bw dieser Baureihe, ausgemustert wurden.

Die DR baute in ihre Maschinen zunächst ab 1960 Mischvorwärmer ein und nahm weitere bauliche Verbesserungen vor. Ab 1969 gelangten bei 50 Maschinen Neubaukessel von ausgemusterten Loks der Baureihe 22 zum Einbau. Die Umbauten wurden mit der Neubekesselung der 03 058 im Oktober 1975 abgeschlossen.

Größere Auswirkungen auf den Betriebsdienst hatte diese Maßnahme aber nicht mehr, denn bis 1982 waren alle 03-Lokomotiven aus dem Verkehr gezogen.

Baureihe 03^{10} (DR)

Von der dreizylindrigen Schnellzug-Baureihe 03^{10} stellte die DRG infolge des Krieges nur 60 Maschinen in Dienst. Davon gelangten 26 Stück zur DB, 21 zur DR, der Rest verblieb in Polen.

Während die ab 1956 neubekesselten Maschinen der DB bereits 1966 abgestellt wurden, war den 16 ab 1958 rekonstruierten 03^{10}-Loks der DR ein längeres Leben beschieden. Die leistungsfähigen Maschinen mit Verbrennungskammerkessel, innerer Speisewasseraufbereitung und Mischvorwärmer (die bei der VES-M Halle eingesetzten 03 1010 und 03 1074 behielten die ursprünglichen Oberflächenvorwärmer der Bauart Knorr), wurden ab 1965 überwiegend auf Ölhauptfeuerung umgerüstet und wie bisher vom Bw Stralsund aus vor allem auf der Strecke Berlin - Sassnitz mit hohen monatlichen Laufleistungen eingesetzt.

Ende der 70er Jahre kündigte sich in Form neuer Dieselloks das Ende der Baureihe an. Den letzten Einsatz absolvierte 03 1010 vor dem Zugpaar D 813/D 914 Stralsund - Berlin - Stralsund am 31 Mai 1980.

Lokomotiven 18 201, 18 314 und Baureihe 19^{0} (DR)

Anfang der 70er Jahre standen bei der DR die genannten Lokomotiven – im übrigen alles Reko- bzw. Umbaumaschinen – für Sonderleistungen zur Verfügung.

18 201, eine Pacific-Lok mit 2300 mm Treib- und Kuppelraddurchmesser, entstand 1961 durch Umbau aus der Schnellfahr-Tenderlokomotive 61 002 unter Verwendung eines Kessels der Baureihe 22. Die Maschine, die für 180 km/h zugelassen ist, wurde 1967 auf Ölfeuerung umgebaut und diente der VES-M Halle als Versuchs- und Bremslokomotive.

Bereits 1960 wurde die Lok 18 314 für ähnliche Zwecke aus einer bad. IV h mit einem Kessel der gleichen Bauart in Dienst genommen.

Schließlich entstanden 1964/65 zwei rekonstruierte Umbauten vierzylindriger 1'D1'-Verbundlokomotiven der Baureihe 19^{0} (sächs. XX HV), die ebenfalls als Bremsloks in Dienst standen, aber 1976 ausgemustert wurden.

Nicht immer wurde den hier beschriebenen Lokomotiven die Ehre zuteil, stolze Expreßzüge zu ziehen. Sie mußten – teils umlaufbedingt – auch mit Eil- oder gar Personenzügen vorliebnehmen. Besonders für Dienste mit häufigen Halten waren die Maschinen wegen ihres großen Treib- und Kuppelraddurchmessers allerdings nur bedingt geeignet.

Im Juli 1968 wartet die 01 061 des Bw Trier, noch mit ihrer alten Nummer, unter der großen Halle des Kölner Hauptbahnhofes vor einem Eilzug auf die Abfahrt nach Gerolstein. Kaum einen Monat später, am 19. August 1968, wurde die Lok z-gestellt.

Die Altbau-01 der Deutschen Reichsbahn in der DDR behielten ihre ursprünglichen Windleitbleche bis zum Ende ihrer Dienstzeit. Im August 1977 zieht eine 01 einen Schnellzug nach Dresden in der Nähe des S-Bahn-Haltepunktes Berlin-Warschauer Straße.
Foto: Hilmar Glinski

001 150 der DB vor D 853 in voller Fahrt in der Nähe von Höflas (Strecke Bamberg - Hof) in den Weihnachtstagen 1972. Der Weihnachtsgruß auf dem Windleitblech der Maschine weist auf die schöne Sitte hin, an Festtagen die Lokomotive zu schmücken oder mit entsprechenden Aufschriften zu versehen.

An einem brütend heißen Sommertag im Juli 1972 kämpft sich 001 173 vor dem E 658 »Frankenland«, an diesem Tag mit 36 Achsen gut ausgelastet, die lange Steigung zwischen Münchberg und Stammbach hinauf. Bei der Hitze des Tages ist der Abdampf der Lok kaum zu erkennen.

Während einer Plandampfveranstaltung führt die Reko-01 1533 den N 5508, hier am 19. Oktober 1992 beim Halt im Bahnhof Seitschen bei Bautzen.
Foto: Manfred Baumann

Der Berliner Ostbahnhof war Ausgangspunkt zahlreicher Fernverbindungen in der ehemaligen DDR. Hier wartet 01 2204 am 7. August 1976 vor einem Schnellzug auf Ausfahrt.
Foto: Manfred Baumann

001 150 vor einem Sonderzug für Eisenbahnfreunde unter der markanten Signalbrücke im Bahnhof Bad Harzburg im Jahre 1970.

Leipzig Hauptbahnhof
Mit seinen 26 Bahnsteiggleisen ist er statistisch gesehen der zweitgrößte Bahnhof Europas und hat bis heute nichts von seiner Faszination verloren.
Bis Anfang der 80er Jahre wurde Leipzig noch planmäßig von Dampflokomotiven angelaufen. Die obere Aufnahme zeigt 01 0522 vor einem Reisezug.
Bis 1981 fand morgens die Begegnung zweier Maschinen der Baureihe 01^5 des Bw Saalfeld unter der mächtigen Bahnhofshalle statt. Hier sehen wir 01 0533 und 01 0522 vor P 3020 und E 800. Beide Aufnahmen entstanden im September 1978.

Mit vereinten Kräften ziehen 01 0533 vom Bw Erfurt und eine weitere Lokomotive derselben Baureihe den schweren »Interzonenzug« D 197 über die Steigung von Bebra nach Hönebach der innerdeutschen Grenze entgegen, hier gesehen zwischen Weiterode und Ronshausen während des Osterreiseverkehrs im April 1972.

Eine Glückssekunde für den Fotografen! Zwei dampfbespannte Schnellzüge begegnen sich in voller Fahrt am Hönebacher Tunnel. 01 0501 schleppt den D 207 bergan, während auf dem Gegengleis der D 200 den Tunnel verlassen hat und zu Tal rauscht. Die Aufnahme entstand im Mai 1973, einen Monat später war der Einsatz von DR-Dampflokomotiven vor grenzüberschreitenden Zügen in die Bundesrepublik für immer Geschichte.

01 0517 des Bw Pasewalk vor D 517 in der Nähe des im Norden Berlins gelegenen Blankenburger Kreuzes am Berliner Außenring. Die Aufnahme entstand am 27.August 1978. Die Lokomotive wurde am 16 September 1981 ausgemustert.
Foto: Ulrich Winterhoff

Man mußte schon sehr zeitig aufstehen, um die hier gezeigte Stimmung mit der Kamera einfangen zu können. 012 063 vor dem Postzug E 14105 kurz vor der Abfahrt gegen 4.40 Uhr im Oktober 1973 im Bahnhof Lingen/Ems. Das regnerische Wetter verstärkt die stimmungsvolle Atmosphäre.

Am 18. Mai 1974 befand sich der E 1631 mit einer Lok der Reihe 012 (01^{10}) nach dem Halt im Bahnhof Lingen noch in der Beschleunigungsphase, als der Zug etwa 3 km nördlich des Bahnhofes abgelichtet wurde. Die Kühe im Vordergrund scheinen von dem daherbrausenden Dampfzug keine Notiz zu nehmen.

Mit weit über 100 km/h rauscht D 714, bespannt mit 012 054, im September 1971 durch den Bahnhof Salzbergen, acht Kilometer nördlich von Rheine. Bereits ein halbes Jahr später, am 15. März 1972, wurde die Maschine z-gestellt, was gleichzeitig ihr Ende bedeutete.

012 066 vor E 14105 im September 1971 gegen 2.30 Uhr im nächtlichen Hauptbahnhof Münster/Westfalen. Die Zuglok des planmäßig um 3.35 Uhr abfahrenden Zuges setzte immer sehr zeitig an den Zug, sodaß dem Autor regelmäßig genügend Zeit für Stativaufnahmen blieb. Die nächtliche Stunde bot Gelegenheit, den jeweiligen »Meister« um eine inoffizielle Führerstandsmitfahrt zu bitten, was auch desöfteren bewilligt wurde.

Unter Volldampf verläßt im Juli 1971 der E 1806, gezogen von 012 058, den Bahnhof Lingen/Ems in Richtung Rheine. Mit schmetterndem Auspuffschlag zieht die schwere Dreizylindermaschine am Fotografen vorbei.

Die letzten Monate der BR 012 waren nach Ende des Sommerfahrplans 1974 bereits angebrochen, als diese stimmungsvolle Aufnahme entstand. 012 055 braust mit dem Schnellzug D 734 durch den in einem hochnebelartigen Dunst liegenden Wald zwischen den Bahnhöfen Kluse und Dörpen auf der Fahrt Richtung Emden.

In frischem Lack präsentiert sich 012 055 nach einer L 2 im AW Braunschweig vor dem Saisonzug D 1735 zwischen Aschendorf und Papenburg am 25. Juli 1974. Reisezugwagen aus der Vorkriegszeit wurden in den 70er Jahren zumindest für Sonderleistungen noch recht häufig verwendet.

Die durch Umbau aus der Schnellfahr-Tender-Lokomotive 61 002 für die Versuchsanstalt Halle/Saale (VES-M Halle) entstandene Pacific-Lokomotive 18 201 gilt mit einer zugelassenen Spitzengeschwindigkeit von 180 km/h als derzeit schnellste Dampflok auf deutschen Schienen. Hier sehen wir die nach dem DR-Umzeichnungsplan als 02 0201 geführte Dreizylindermaschine vor einem Sonderzug bei Güsten. Foto: Manfred Baumann

Blick vom Platz des Lokführers von 012 063 bei ca. 100 km/h auf die Strecke bei Emden-Harsweg. Die Lok führte am 3. August 1974 den 280 t schweren E 2676 auf dem Abschnitt Leer - Norddeich-Mole.

Die letzten Lokomotiven der BR 03 wurden bei der DB vom Bw Ulm aus eingesetzt. Hier sehen wir 003 088 im Hauptbahnhof Ulm vor einem Reisezug Richtung Friedrichshafen Anfang der 70er Jahre.

Bei der DR in der DDR wurden hingegen noch Ende der 60er Jahre viele Loks der BR 03 mit den nahezu neuwertigen Reko-Kesseln der ausgemusterten BR 22 (ex. BR 39) versehen, was die Leistung der Maschinen enorm steigerte. Das Foto zeigt 03 2186 am 14. März 1976 im Gleisvorfeld des Leipziger Hauptbahnhofes.
Foto: Manfred Baumann

Bis zum Ende ihrer Laufbahn kamen die rekonstruierten 03 noch häufig zu Schnellzugehren. An einem kalten Wintertag im Jahre 1978 führt 03 2243 den D 562 bei Altglienicke im Südosten Berlins.
Foto: Ulrich Winterhoff

Während die Lokomotiven der BR 03^{10} bei der DB bereits 1966 ausgemustert wurden, blieben die bei der DR ebenfalls neubekesselten Maschinen noch bis Anfang der 80er Jahre im hochwertigen Reisezugdienst im Einsatz. Hier zieht 03 0010 (ex 03 1010, heute betriebsfähige Museumslok) den D 814 am 13. Februar 1978 nördlich des Blankenburger Kreuzes in Richtung Stralsund.
Foto: Ulrich Winterhoff

Vorname

Nachname

Straße

PLZ, Ort

Beruf

Geburtsdatum

Bitte schicken Sie mir **gratis** Ihren Prospekt mit allen lieferbaren Titeln zum Thema:

- ☐ Auto
- ☐ Motorrad
- ☐ Eisenbahn
- ☐ Luftfahrt
- ☐ Waffen
- ☐ Zeitgeschichte
- ☐ Maritim
- ☐ Reisen/Survival/Sport
- ☐ Fahrrad
- ☐ Pferde
- ☐ Hunde/Katzen
- ☐ Essen/Trinken
- ☐ Angeln/Tauchen

Bitte ausreichend frankieren

Antwortkarte

Paul Pietsch Verlage
Abteilung Kundenservice
Postfach 103743

70032 Stuttgart

03 2067 bei winterlichem Wetter, am 12 Februar 1978 vor dem Personenzug P 3514, aufgenommen bei Altglienicke. Foto: Ulrich Winterhoff

03 0010 vor dem D 814 bei einem außerplanmäßigen Halt in der Nähe des S-Bahnhofes Greifswalder Straße, 27. August 1978. Der Zug wurde planmäßig über den Berliner Innenring in Richtung Blankenburger Kreuz geleitet. Die lange zur VES-M Halle gehörende Lok erhielt ob ihres goldfarbenen Schornsteinbandes von Eisenbahnfreunden den lustigen Spitznamen »Goldbroiler«.
Foto: Ulrich Winterhoff

03 0010 im April 1977 vor einem Reisezug unter der Halle des Berliner Ostbahnhofes.

Der D 270 »Meridian« (Dresden - Berlin-Ostbahnhof - Saßnitz-Hafen - Malmö) wurde am 21. Mai 1979 von der 03 0075 (ex 03 1075) ab Berlin-Ostbahnhof bespannt. Hier nähert sich der Zug dem S-Bahnhof Warschauer Straße.
Foto: Ulrich Winterhoff

Am 17. Mai 1979 führte 03 0090 den D 319. Der Fotograf beobachtete den Zug beim Durchfahren des Blankenburger Kreuzes.
Foto: Ulrich Winterhoff

MIt Volldampf durch Altglienicke. 03 2058 vor D 660 am 20. Mai 1979.
Foto: Ulrich Winterhoff

Eine Lok der Baureihe 03^{10} bei voller Kraftentfaltung vor einem Schnellzug auf dem Berliner Außenring im April 1978. Das Röhren der schwer arbeitenden Maschine war noch lange zu hören.
Foto: Hilmar Glinski

Noch einmal der D 319 mit seiner Zuglok 03 0059 am 29. Juni 1978 am Blankenburger Kreuz. Der Heizer hat zur Freude des Fotografen den Ölbrenner geöffnet, sodaß die Maschine schwarz qualmend heranrauscht.
Foto: Ulrich Winterhoff

042 308 vor einem Personenzug zwischen dem Haltepunkt Steenfelde und dem Bahnhof Ihrhove im Frühjahr 1976. Die planmäßige V 100 war wegen eines Schadens ausgefallen, sodaß der Zug, fast ein Jahr nach Ende des Dampfbetriebes vor Reisezügen, mit der Dampflok bespannt wurde.

Kurzstreckensprinter

Dampflokomotiven vor Personenzügen

Personenzüge zeichnen sich im Gegensatz zu Schnellzügen, die größere Distanzen durcheilen und nur in größeren Städten halten, durch den Halt auf jedem Bahnhof aus. Sie leisten Zubringerdienste zu den Zentren und ermöglichen es den Reisenden, diese von jeder Bahnstation aus zu erreichen. Besondere Bedeutung haben die Personenzüge (die späteren Nahverkehrs-/Nahschnellverkehrszüge und heutigen Regionalbahnen) für den Berufs- und Ausflugsverkehr.

Schon bald reichten die für diese Zwecke anfangs verwendeten älteren Schnellzuglokomotiven nicht mehr aus, denn die großrädrigen Maschinen kamen bei den häufigen Halten und ständig steigenden Zuglasten immer mehr in Schwierigkeiten, die Fahrzeiten zu halten, sodaß für diese Zuggattung spezielle Personenzuglokomotiven entwickelt werden mußten.

Konstruktionsmerkmal der immer im Schatten der Schnellzugmaschinen stehenden und daher weniger beachteten Personenzugloks war eine gute Beschleunigung auch schwerer Züge, verbunden mit einer relativ großen Höchstgeschwindigkeit, um die Fahrzeit zu begrenzen. Die deutschen Länderbahnverwaltungen beschafften ab etwa 1875 zunächst 1'B-Maschinen, die aber leistungsmäßig schon bald nicht mehr ausreichten. Deshalb wurde die Entwicklung zunächst über den 2'B-Typ (z.B. die preuß. P 4^2, eine Konstruktion aus dem Jahre 1902, deren letzte Vertreter erst 1948 ausgemustert wurden) und den 1'C-Typ (preuß. P 6) fortgeführt.

Die Badischen Staatsbahnen bauten bereits 1894 richtungsweisend mit der IV e eine 2'C-Lokomotive, der 1905 Bayern mit der P 3/5 N mit Vierzylinder-Verbundtriebwerk folgte. Sachsen stellte 1910 den Typ XII H 2 (genannt »Rollwagen«) in Dienst, der mit 1590 mm Treib- und Kuppelraddurchmesser eine Höchstgeschwindigkeit von 90 km/h erreichte.

Die 1906 erstmals gebaute preußische P 8, eine robuste und einfache Zweizylinderlokomotive, stellte hinsichtlich des Bekanntheitsgrades, der Zuverlässigkeit und der Verbreitung alle anderen 2'C-Maschinen in den Schatten. Die P 8, ursprünglich als Schnellzugmaschine mit 1750 mm Treibraddurchmesser und 110 km/h Höchstgeschwindigkeit entwickelt, wurde die Personenzuglok schlechthin. Ihr guter Ruf veranlaßte in- und ausländische Bahnverwaltungen zum Ankauf. Bis 1928 wurden ungefähr 3800 Loks dieses Typs gebaut. Bezeichnend war, daß die P 8, später Reichsbahn-Baureihe 38^{10-40} fast alle ihrer Nachfolgetypen überlebte.

Mit den von 1922 bis 1927 gebauten 260 dreizylindrigen 1'D1'-Maschinen der Reihe preuß. P 10 (DRG-BR 39) entstand die letzte Personenzugbaureihe unter Länderbahnregie.

Die DRG verfügte also über einen großen Bestand noch relativ neuer und bewährter Personenzugmaschinen, so daß erst 1940 mit der 1'C1'-Baureihe 23 eine neue Konstruktion aufgelegt wurde, von der man wegen des Krieges nur zwei Prototypen fertigte.

Nach dem Zweiten Weltkrieg gelangten 1233 Loks der Reihe 38^{10-40} zur DB, während 733 Maschinen bei der DR verblieben. Erst jetzt nahmen die Pläne zum Ersatz der langsam in die Jahre gekommenen P 8 in Form einer neuen 1'C1'-Baureihe 23 Gestalt an. Während die DB von 1950 bis 1959 insgesamt 105 Maschinen der Reihe 23 in Betrieb stellte, brachte es die DR-

Version 23^{10} auf 113 Lokomotiven, deren letzte 1960 ausgeliefert wurde.

Nachzutragen wäre noch die ab 1928 von der DRG für den Nebenbahnbetrieb in 95 Exemplaren beschaffte Baureihe 24 mit 1500-mm-Treibrädern, von denen viele Maschinen in Polen verblieben.

Bei den Länderbahnen standen auch zahlreiche Personenzugtenderlokomotiven im Einsatz. Die wichtigsten und meistgebauten Vertreter dieser Gattung waren die preußischen T 11 und T 12 (DRG-Baureihe 74) sowie die T 18, die später als Baureihe 78 bezeichnet wurde.

Bei der DRG entstand mit der Baureihe 64 eine weitgehend mit der Baureihe 24 identische Personenzuglokomotive für den Nebenbahnbetrieb in großer Stückzahl. Von der gleichzeitig entwickelten Hauptbahnmaschine der 2'C2'-Baureihe 62 wurden indes nur 15 Stück gebaut.

Nach dem Krieg setzten beide Bahnverwaltungen auf schwere 1'D1'-Tendermaschinen, die in Form der Baureihen 65 (DB) und 65^{10} (DR) in 18 bzw. 88 Exemplaren bis 1957 entstanden.

Von der 1'C2'-Baureihe 66 der DB, einer 1955 erstmals gebauten, hervorragend gelungenen Mehrzwecklokomotive, konnten aufgrund des Wandels in der Zugförderung nur noch zwei Stück in Dienst gestellt werden. Sie wurden als Splittergattung 1967/68 ausgemustert.

1970 standen bei DB und DR noch folgende Personenzug-Baureihen im Dienst:

DB	DR
	22 (ehemals BR 39)
23	23^{10}
38^{10-40}	38^{10-40}
64	64
65	65^{10}
78	78

Baureihe 22 (DR)

85 Exemplare der bei der DR verbliebenen Personenzugloks der Baureihe 39 (preuß. P 10) wurden von 1958 bis 1962 einer Rekonstruktion unterzogen, bei der sie neue Hochleistungskessel mit Mischvorwärmer erhielten und bei der andere konstruktive Änderungen vorgenommen wurden. Obwohl sich die Maschinen gut bewährten, waren infolge des auch bei der DR fortschreitenden Traktionswandels bereits 1968 viele Loks ausgemustert. Die noch fast neuen Kessel wurden in Schnellzugloks der Baureihe 03 eingebaut.

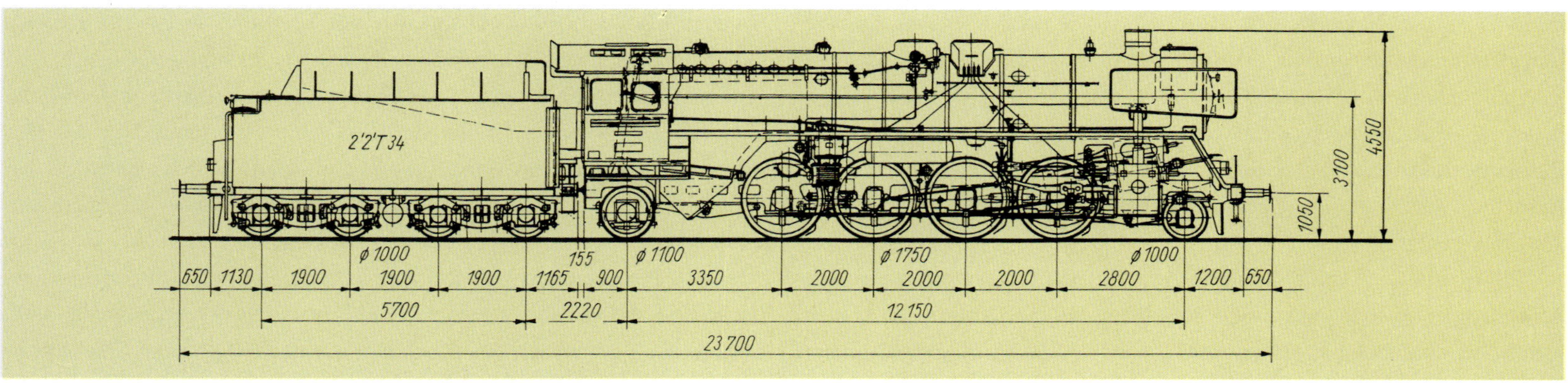

Rekolok BR 22 (DR)

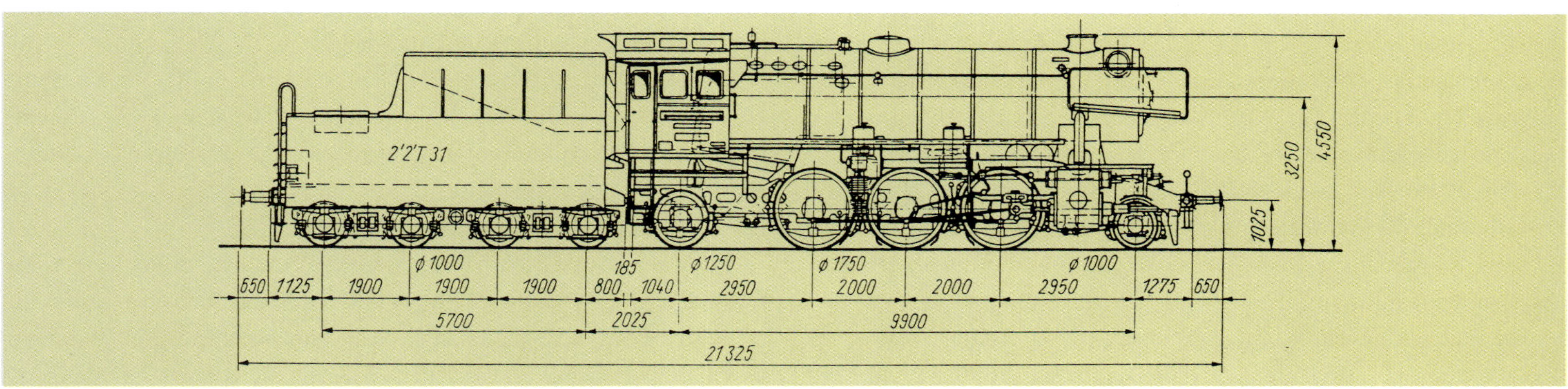

Neubaulok BR 23 (DB).

Baureihe 23 (DB)

Diese erstmals 1950 von Henschel gelieferte Lokomotive, als Ersatz für die P 8 gedacht, wurde mit vollständig geschweißtem Verbrennungskammerkessel, Heißdampfregler und geschlossenem Führerhaus für hohe Rückwärtsgeschwindigkeit konstruiert. Ab der Betriebsnummer 052 erhielten die Maschinen Rollenlager und Mischvorwärmer. Mit der 23 105 wurde im Dezember 1959 die letzte Dampflokomotive für die DB abgeliefert.

Zunächst nicht nur im schweren Personenzug- sondern auch im leichten Schnellzugdienst eingesetzt, konzentrierten sich die am 31.12.1971 noch unterhaltenen 76 Maschinen bei den Betriebswerken Saarbrücken, Kaiserslautern und Crailsheim. Ende 1975 wurden die letzten drei Maschinen ausgemustert.

Baureihe 23^{10} (DR)

Als Ersatz für die P 8 entstand ab 1955 die Baureihe 23^{10} als komplette Neuentwicklung, die sich hinsichtlich des Trieb- und Laufwerkes auf die alte DRG-Baureihe 23 stützte, im Gegensatz zu dieser aber mit Verbrennungskammerkessel und Mischvorwärmer der Bauart Knorr ausgerüstet war. Die mit 110 km/h Höchstgeschwindigkeit auch für den leichten bis mittelschweren Schnellzugdienst geeigneten Maschinen bewährten sich sehr gut, wurden aber infolge des Traktionswandels schon ab 1973 immer mehr zurückgedrängt. In der Mehrzahl waren die Loks bis 1976 von den Gleisen verschwunden.

Baureihe 38^{10-40} (DB und DR)

Von der berühmten preußischen Pesonenzuggattung P 8 waren 1970 – nach nunmehr 64 Dienstjahren – bei der DB noch 14, bei der DR 126 Maschinen im Einsatz. Diese Restbestände wurden in den Folgejahren zügig ausgemustert, so daß bei der DR im August 1971 nur noch die Traditionslok 38 1182 vorhanden war. Bei der DB hielten sich die letzten Maschinen etwas länger. Erst am 30. Dezember 1974 leistete 38 1772 vom Bw Rottweil ihren letzten Planeinsatz vor Personenzügen.

Baureihe 64 (DB und DR)

Die ab 1928 gebaute Personenzugtenderlokomotive der Einheitsbaureihe 64 wurde in 520 Exemplaren beschafft. Ca. 278 Exemplare dieser leichten 1'C1'-Maschinen mit 1500 mm Treib- und Kuppelraddurchmesser und 90 km/h Höchstgeschwindigkeit gelangten zur DB, 115 zur DR. Bei der DB wurden die letzten Lokomotiven 1974 beim Bw Weiden ausgemustert, die

Neubaulok BR 2310 (DR).

Baureihe 3810-40 (preuß. P 8).

DR zog die letzten Vertreter dieser Baureihe in den folgenden Jahren ebenfalls aus dem Verkehr.

Baureihe 65 (DB)

Im Rahmen des Nachkriegs-Neubauprogramms der DB entstand 1951 die schwere 1'D2'-Pesonenzugtenderlok der Baureihe 65 mit 17 t Achsfahrmasse, die für den Vorortverkehr großer Städte konzipiert war. Bis 1956 lieferte Krauss-Maffei insgesamt 18 Maschinen, die wie alle Neubauloks mit vollständig geschweißten Kesseln und teilweise mit Mischvorwärmer ausgerüstet waren. Bei einem Treibraddurchmesser von 1500 mm hatte die 85 km/h schnelle Lok eine sehr gute Beschleunigung. Ab Dezember 1970 wurde das Bw Aschaffenburg zum Auslauf-Bw für diese Baureihe. Dort wurden die letzten sieben Maschinen konzentriert. Ihr Einsatzgebiet umfasste nun im wesentlichen die Strecke Aschaffenburg - Miltenberg. Die letzte Maschine – 65 018 – wurde im Dezember 1972 z-gestellt. Sie blieb als einzige erhalten.

Baureihe 65^{10} (DR)

Eine sehr gelungene Konstruktion war die ab 1954 gebaute DR-Version der 1'D2'-Personenzugtenderlok, die Baureihe 65^{10}. Vollständig geschweißter Kessel und Rahmen, Mischvorwärmer und modernes Führerhaus zeichneten die Baureihe aus. Als Besonderheit sei erwähnt, daß die beiden Radsätze des hinteren Drehgestells in einem Außenrahmen gelagert waren. Ab 1966 erhielten die Maschinen die verbrauchsgünstigen Giesl-Flachejektoren. Diese leistungsfähigen Maschinen, deren letztes Einsatzgebiet die Strecken des Thüringer Waldes waren, wurden Ende der 70er Jahre aus dem Verkehr gezogen. Betriebsfähig blieben 65 1049 und 65 1057 erhalten.

Baureihe 78 (DB und DR)

Die 2'C2'-Lokomotive der Baureihe 78 (ehemalige preuß. T 18) wurde erstmals 1912 gebaut, und bildete den Abschluß der Entwicklung von Personenzug-Tenderlokomotiven in Preußen. Die Maschine war ein voller Erfolg, was vor allem durch die lange Dienstzeit unterstrichen wird. Bis 1923 wurden rund 510 Lokomotiven in Dienst gestellt. Eine Zählung wies am 1. Juli 1950 noch 377 Maschinen als DB-Bestand aus, der sich zum. 1.Januar 1959 auf 409 Maschinen (Eingliederung von 32 Loks aus dem Saargebiet) erhöhte. Am 1. Juni 1967 waren davon noch 51 Maschinen übrig, und die letzte Vertreterin dieser Gattung war die 78 246 des Bw Rottweil, die – wie die letzte P 8 – am 30. Dezember 1974 ihren letzten Einsatz verrichtete.

Bei der DR verblieben 1945 nur 53 Maschinen, von denen vier wegen schwerer Kriegsschäden verschrottet werden mußten. Der Bestand von 49

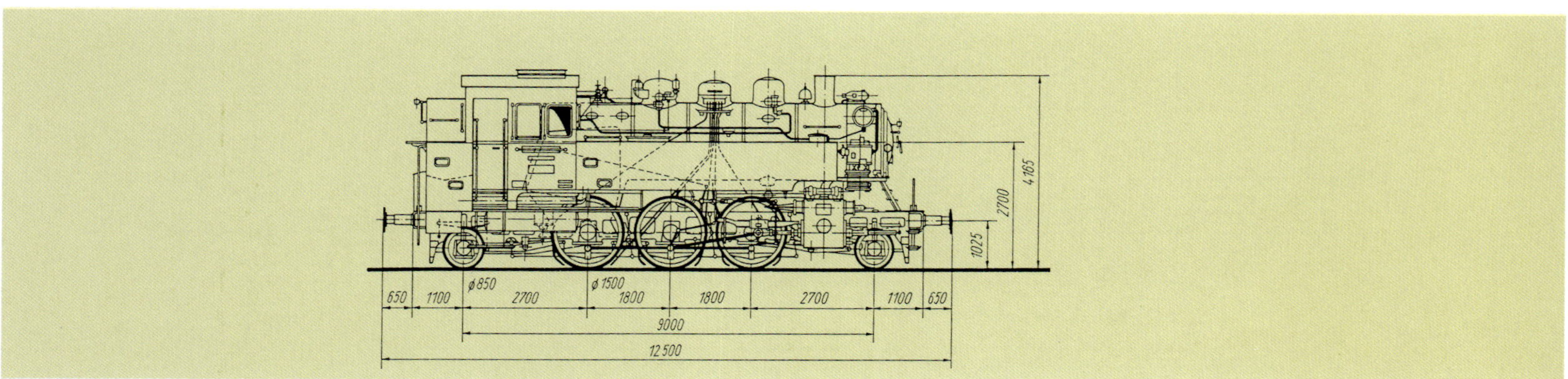

Einheitslok BR 64.

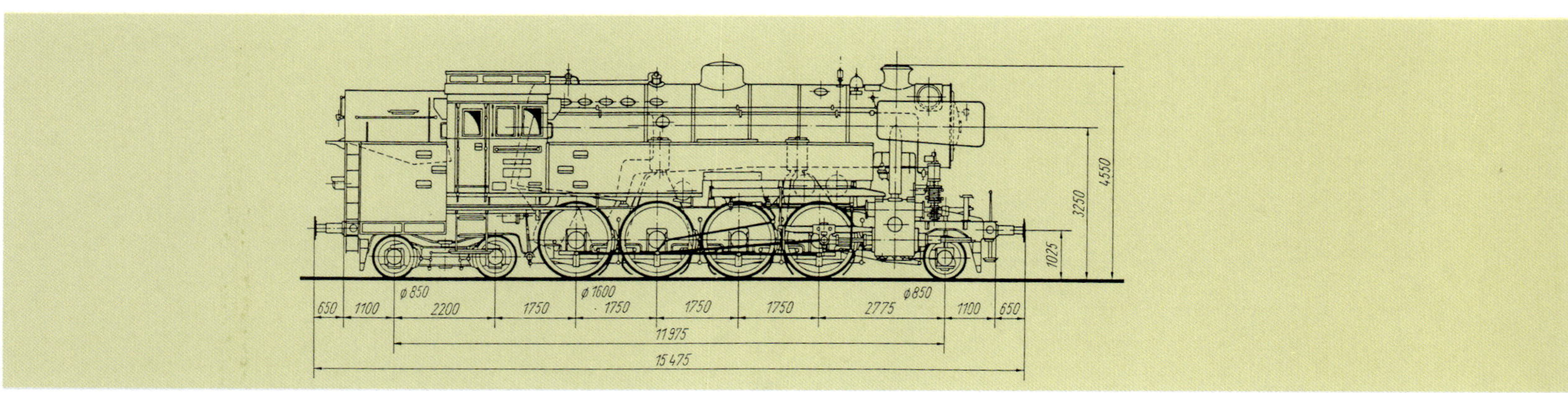

Neubaulok BR 65 (DB).

Loks blieb bis 1965 konstant. Wie die meisten Länderbahnloks wurde die Baureihe bis Anfang der 70er Jahre ausgemustert. Mit der Abstellung der 78 110 am 31. Januar 1972 endete die Geschichte dieser Baureihe bei der DR.

Die hier beschriebenen Personenzugloks wurden, besonders zum Ende des Dampfzeitalters, auch in anderen Leistungen eingesetzt. Über die bereits angeführten leichten Schnellzüge hinaus – solche Einsätze wurden aber zum Schluß immer seltener, weil genügend Dieselloks zur Verfügung standen – betätigten sich die Maschinen auch im leichten Güterzugdienst, fuhren Übergabezüge und waren fallweise sogar im Rangierdienst zu finden.

Dafür aber beförderten große Schnellzugmaschinen immer häufiger Personenzüge, Dienste, für die diese Loks nicht geeignet waren und die sie auch nicht auslasteten.

Auch Güterzugloks wurden oft zu Personenzugleistungen herangezogen. Man denke hier nur an die Baureihe 50, die aufgrund ihrer niedrigen Achsfahrmasse von 15 t so manche Personenzugmaschine verdrängte. Die ziemlich universell einsetzbaren Loks der Baureihe 41 fuhren bis zum Schluß Personen-, Eil- und fallweise auch Schnellzüge.

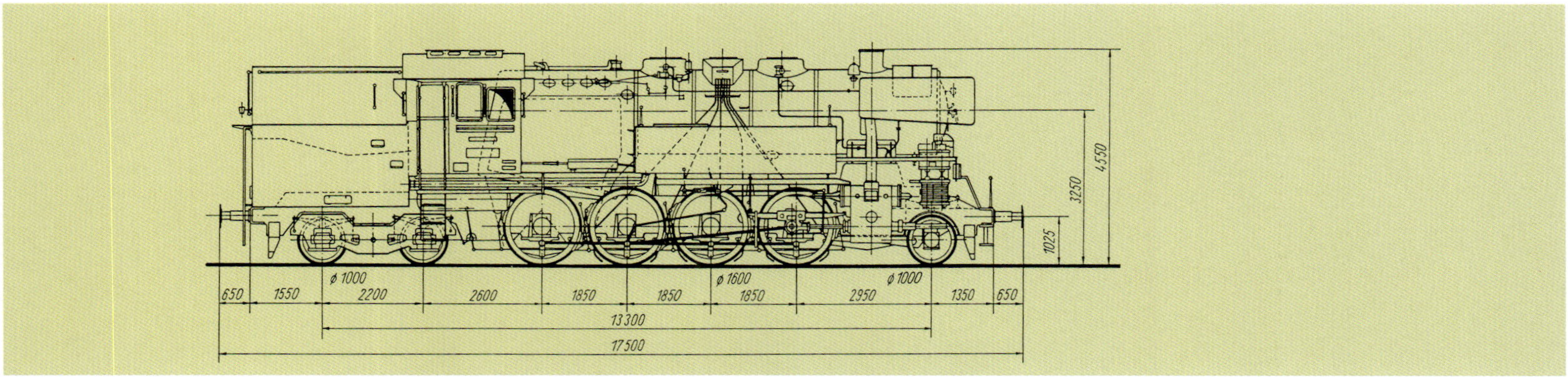

Neubaulok BR 6510 (DR).

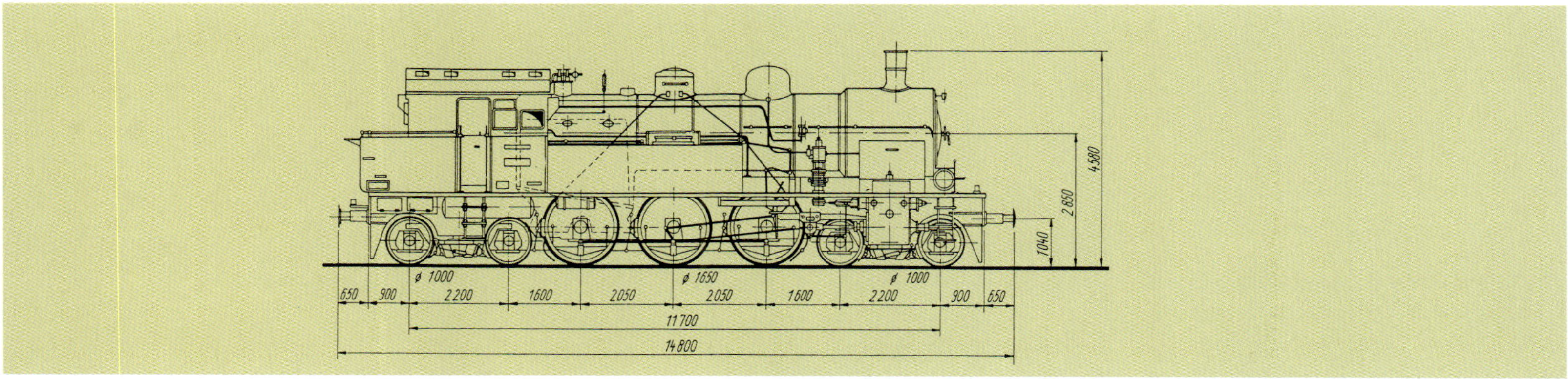

Baureihe 78 (preuß. T 18).

DB-Personenzuglokomotive 023 067 wartet im Mai 1973 im Gleisvorfeld des Bahnhofes Crailsheim auf ihren Personenzug.

023 029 vor einem Personenzug im Bahnhof Schwäbisch Hall-Hessental. Die tiefstehende Sonne dieses herrlichen Herbsttages im November 1973 sorgte für eine gute Ausleuchtung des Objektes.

Mit Volldampf über die Moselstrecke! 023 103 vom Bw Saarbrücken donnert vor P 2056 auf der langen Steigung zwischen Wengerohr und Salmrohr auf der Strecke Koblenz - Trier unter einer fotogenen Steinbrücke hindurch, Mai 1972.

Im Winterfahrplan 198283 wurde die Lok 35 1113 (ex. 23 1113), letzte Überlebende und zugleich letztgebaute Maschine der DR-Baureihe 23^{10}, vom Bw Nossen in einem speziellen, nur für diese eine Lok geschaffenen Umlaufplan eingesetzt. Das Foto entstand am 8. Juli 1984 und zeigt die Maschine vor dem P 15768 in der Nähe von Nossen auf der Fahrt nach Riesa.
Foto: Heinz Schulze

Die wenigen Überlebenden der einstmals nach tausenden zählenden berühmten Gattung P 8 hielten sich noch einige Jahre zäh im Bereich der BD Stuttgart. Hier macht 038 382 vor dem Personenzug P 3924 am Morgen des 15. August 1973 auf der Fahrt nach Tübingen kräftig Dampf, aufgenommen bei Mühlen am Neckar. Foto: Ulrich Winterhoff

Der P 3937 verkehrte zwischen Horb und Rottweil. Hier macht der Zug im November 1973 einen Zwischenhalt in Horb-Dettingen.

Star einer Plandampfveranstaltung am 12. Oktober 1993 war die DR-Traditionslokomotive 38 1182, die den Nahverkehrszug N 8309 durch das herbstliche Elstertal bei Berga beförderte.
Foto: Manfred Baumann

038 711 präsentiert sich bei strahlendem Herbstwetter im November 1973 im kleinen Bw Horb dem Fotografen.

Lokomotiven der BR 41 waren noch in den 80er Jahren bei der Deutschen Reichsbahn im Einsatz. Die Aufnahme zeigt 41 1185 vor P 9409 am 12. Juni 1979 in Magdeburg Hbf.
Foto: Manfred Baumann

Am 13. August 1993 war 41 1231 Mitwirkende einer Plandampfveranstaltung. Hier zieht sie den N 7108 (Saalfeld - Gera) auf dem eingleisigen Abschnitt bei Neustadt/Orla.
Foto: Manfred Baumann

Die Güterzugbaureihe 50 wurde aufgrund ihrer universellen Verwendbarkeit bis zum Ende der Dampflokzeit auch vor Reisezügen eingesetzt. Am Spätnachmittag eines Julitages 1972 hat 051 057 (ex. 50 1057) des Bw Hof in Neuenmarkt-Wirsberg den Eilzug E 1655 übernommen. Wegen der straffen Fahrzeiten mußte ständig flott gefahren werden. Das Bild zeigt den Zug im Gefälle zwischen Stammbach und Münchberg.

Eine Lok der BR 50 zieht den P 3215 an einem kühlen Maimorgen des Jahres 1973 bei Fattigau über die Steigung in Richtung Weiden/ Regensburg. Die weiße Dampffahne verbreitet sich über dem langen, aus Umbauwagen bestehenden Zug.

Der E 3104 (Bad Harzburg - Goslar) war einer der letzten dampfbespannten Reisezüge der DB. Am 23. Juli 1975 hat 052 757 (Bw Lehrte) den Zug übernommen und steht abfahrbereit im Kopfbahnhof von Bad Harzburg. Am 31. Mai 1976 fuhr dieser Zug letztmalig mit Dampfbespannung.

Mächtig Dampf macht die Personenzug-Tenderlokomotive 65 1049 der DR mit ihrem Nahverkehrszug N 7108, den sie am 10. Oktober 1993 anläßlich einer Plandampfveranstaltung bei Unterwellenborn in Richtung Gera befördert. Foto: Manfred Baumann

Einen sehr reizvollen Ausblick aus dem Tiersteintunnel auf den von 78 246 geführten Personenzug P 3937 (Horb - Rottweil), der soeben den Bernbergtunnel verläßt, bietet diese Aufnahme vom 29. April 1974.

78 246 wartet in Horb auf die nächste Leistung, November 1973.

Auf einigen Nebenstrecken im Raum Nürnberg standen noch Ende der 60er Jahre Güterzugtenderloks der Reihe 86 vor Personenzügen im Betrieb. Hier sehen wir 086 478 im Jahr 1971 im Endbahnhof Allersberg (Strecke Burgthann - Allersberg) mit ihrem Zug vor der Rückfahrt.
Foto: Hilmar Glinski

Auch die schweren, bei der DR verbliebenen und auf Ölfeuerung umgebauten Lokomotiven der Baureihe 95 befanden sich bis weit in die 80er Jahre hinein auf den steigungsreichen Strecken des Thüringer Waldes im Einsatz. 95 0045 verläßt am 18. Juni 1978 mit P 18007 den Tunnel bei Lippelsdorf.
Foto: Manfred Baumann

95 0041 vor einem Personenzug während eines Unterwegshaltes im September 1978. Foto: Hilmar Glinski

Kriegslokomotiven der BR 52 waren bei der DR aus Mangel an anderen leistungsfähigen Güterzuglokomotiven unentbehrlich. Im Bild bemüht sich 52 1505 (mit Giesl-Ejektor) nach einem Signalhalt am Blankenburger Kreuz im Norden Berlins, ihren Kühlwagenzug wieder in Gang zu bekommen, August 1978.

Schwerarbeiter

Güterzugdampfloks in Aktion

Im Gegensatz zu Schnell- und Personenzuglokomotiven, bei denen die Eigenschaften Schnelligkeit und gute Beschleunigung im Vordergrund standen, mußten Güterzuglokomotiven in der Lage sein, ausdauernd schwere Züge zu ziehen. Die Geschwindigkeit dieser Maschinen spielte dabei nicht die primäre Rolle, denn die wichtigste Eigenschaft war, möglichst große Zugkräfte auf die Schiene zu übertragen. Das wiederum bedingte eine außergewöhnlich große Dampfleistung, die nur durch einen besonders großen, sprich langen Kessel erzielt werden konnte.

Ein weiteres Merkmal der Güterzuglokomotiven war – im Vergleich zu den erstgenannten Lokgattungen – der wesentlich kleinere Treib- und Kuppelraddurchmesser mit im Durchschnitt nicht mehr als 1400 mm, was die Übertragung der Kräfte auf die Schienen begünstigte und die Schleuderneigung beim Anfahren schwerer Züge verminderte. Anfangs erreichten Güterzugdampflokomotiven nur Geschwindigkeiten zwischen 40 und 60 km/h, die späteren DRG-Konstruktionen aber zumeist 80 km/h, was ausreichte, um auch auf Hauptstrecken mithalten zu können.

Die zunächst als Zwei- oder Dreikuppler konstruierten Güterzugloks der Länderbahnen wie z.B. die preußischen Typen G 3 und G 4 der Jahre 1867 und 1882 reichten schon bald leistungsmäßig nicht mehr aus. Deshalb stellte die KPEV als erste Bahnverwaltung Mitteleuropas im Jahre 1892 die 1'C-Naßdampf-Güterzuglokomotive der Gattung G 5^1 in Dienst. Ab 1901 wurden insgesamt 758 Lokomotiven der verbesserten Gattungen G 5^4 bzw. G 5^5 mit Krauss-Helmholz-Radsatz geliefert. Ständig steigende Lasten ließen die Entwicklung nicht zum Stillstand kommen. 1893 entstand mit der Gattung G 7^1 die erste vierfach gekuppelte Güterzuglokomotive mit 1250 mm Treib- und Kuppelraddurchmesser und 50 km/h Höchstgeschwindigkeit.

Als Weiterentwicklung dieses Typs stellte im Jahre 1913 der Lokbeschaffungsdezernent der KPEV, Robert Garbe, die erste Lok der Gattung G 8^1 vor, von der man bis 1921 fast 5000 Lokomotiven in Betrieb nahm. Von diesem überaus erfolgreichen Loktyp gelangten als Baureihe 55^{25} noch 3122 Exemplare in den Bestand der DRG. Diese Lokomotiven bildeten zusammen mit der 1910 konstruierten Gattung G 10, einer E-gekuppelten schweren Güterzugmaschine, die in rund 3000 Exemplaren gebaut wurde, das Rückgrat des Güterzugdienstes der DRG.

Während des Ersten Weltkrieges schlug die zu große Typenvielfalt der deutschen Länderbahnen negativ zu Buche. Aus diesem Grund entschlossen sich 1916 die meisten Länderbahnverwaltungen zur gemeinsamen Beschaffung der dreizylindrigen Güterzuglokomotive der Gattung G 12, die von Henschel entwickelt wurde. Diese 1'E-Maschine (DRG-Baureihe 58) mit 1400 mm Treibraddurchmesser wurde ab 1917 in über 1500 Stück sowohl von Preußen als auch von Baden, Sachsen und Württemberg beschafft.

Als die DRG das Einheitslokprogramm entwarf, war darin erneut eine leistungsfähige 1'E-Güterzugmaschine enthalten, denn zu viele Länderbahntypen genügten den Ansprüchen längst nicht mehr. Zu Vergleichszwecken ließ man – wie bei den Schnellzugloks auch – Zwei- und Dreizylindervarianten entwerfen. 1926 entstand die erste Lok der 1'E-Baureihe 44 mit Drillingstriebwerk, der ein Jahr später die Zweizylinderbaureihe

43 folgte. Man entschied sich zunächst für letztere Bauart, beschaffte aber, als sich die Drillingslok im höheren Geschwindigkeitsbereich als leistungsfähiger erwiesen hatte, ab 1937 in großem Umfang Loks der Baureihe 44. Bis 1949 wurden fast 2000 Stück gebaut. Sie waren bis zum Ende der Dampflokzeit bei DB und DR im schweren Güterzugdienst, vor allem im Hügelland, unentbehrlich.

Einer noch schwereren Maschine, der mit der Achsfolge 1'E1' ab 1936 gebauten, ebenfalls dreizylindrigen Baureihe 45, die bei 1600 mm Treibraddurchmesser für 90 km/h zugelassen wurde, war kein überzeugender Erfolg beschieden.

In über 6000 Einheiten entstand ab 1942 die Kriegslokomotive der Baureihe 52, eine vereinfachte Ausführung der Baureihe 50, und 1943 in knapp 900 Exemplaren die etwas schwerere Baureihe 42. Beide Konstruktionen waren ursprünglich nur für eine kurze Lebensdauer konzipiert. Sie erwiesen sich aber als so zuverlässig, daß sie, insbesondere die Baureihe 52, bis zum Schluß der Dampflokära im Dienst vieler Bahnverwaltungen, zu denen sie durch die Kriegswirren gelangt waren, verblieben.

Neben diesen Schlepptendermaschinen gab es aber auch eine ganze Reihe tüchtiger Güterzugtenderlokomotiven. Hier wären vor allem die Baureihen 86, eine 1'D1'-Tenderlok, die ab 1928 in insgesamt 774 Exemplaren beschafft wurde, und die E-gekuppelte preußische Gattung T 16^{1} (DRG-Baureihe 94^{5}), die bis 1924 in 1236 Exemplaren gebaut wurde, zu nennen. Ab 1922 wurden darüber hinaus 45 schwere preußische 1'E1'-Lokomotiven der Gattung T 20 (DRG-Baureihe 95) beschafft. Sie waren ausschließlich für das Bergland konzipiert und lösten so manche Zahnradlokomotive ab. Auch als Schiebelok auf Rampenstrecken waren sie unentbehrlich.

Als der Bahnbetrieb in Deutschland im Mai 1945 zum Erliegen kam, waren Tausende von Güterzuglokomotiven aller Gattungen und Baujahre auf nahezu jedem Bahnhof kalt abgestellt. Aber schon bald begann man mit Reparaturarbeiten und der Registrierung der Bestände und versuchte, den Betrieb mit unversehrt gebliebenen Maschinen wieder aufzunehmen. Nicht mehr reparaturfähige Schadloks und Splittergattungen wurden ausgemustert.

Bei beiden deutschen Bahnverwaltungen trugen – neben einigen Länderbahngattungen – vor allem Maschinen der Baureihen 41, 44, 50 und 52 die Hauptlast des Güterzugdienstes. Da auf dieses Maschinen auf Jahrzehnte hinaus noch nicht verzichtet werden konnte, wurden sie sowohl bei der DR als auch bei der DB teilweise umfangreichen Umbauten unterzogen, wozu vor allem Neubekesselung und der Umbau auf Ölfeuerung zählten.

In den anspruchsvollen Umlaufplänen wurden die Maschinen hart herangenommen. So leisteten im Sommerfahrplan 1960 sechs Lokomotiven der Baureihe 44 des Bw Hanau täglich 578 km, gefolgt von sechs Maschinen der Baureihe 50 des Bw Oberlahnstein mit 530 km. Selbst 1968 waren diese Werte noch nicht wesentlich gesunken: sechs 44er des Bw Hildesheim leisteten täglich 502 km. An zweiter Stelle folgten fünf Maschinen des Bw

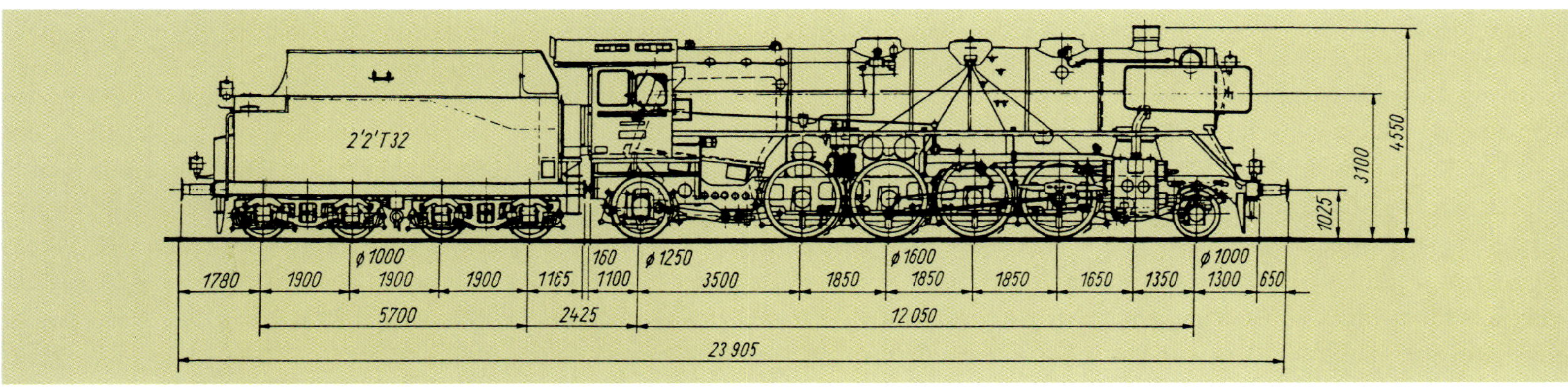

Einheitslok BR 41.

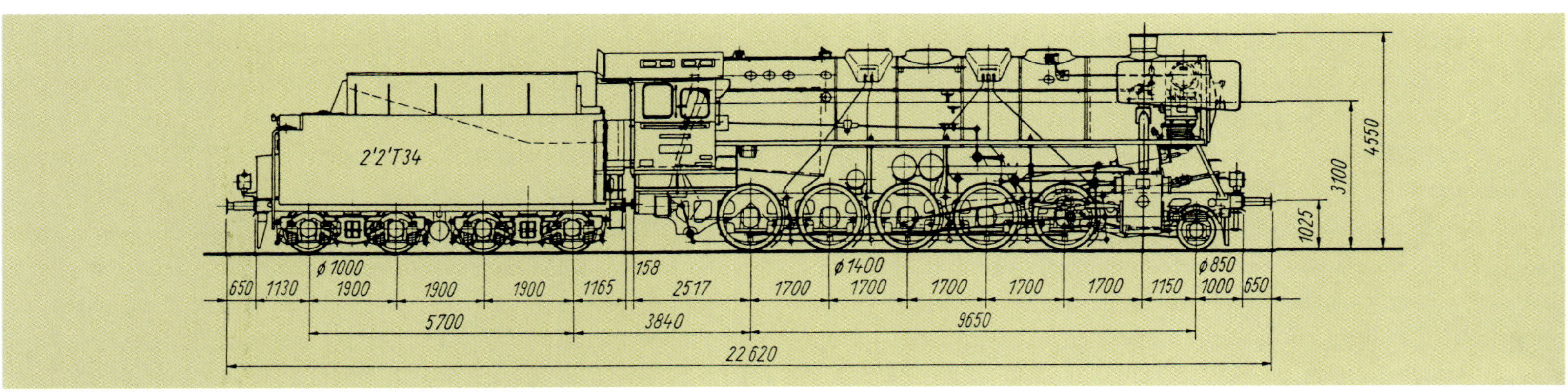

Einheitslok BR 44.

Ehrang mit 495 km pro Tag. Im letzten Dampfplan der DB, dem Winterfahrplan 1976/77, erbrachten sechs ölgefeuerte Loks der Baureihe 44 (043) der Bw Rheine und Emden eine tägliche Laufleistung von etwas über 280 km. Besonders die schweren 4000 t-Erzzüge, die von zwei Lokomotiven gezogen wurden, bleiben unvergessen.

Anfang der 70er Jahre standen bei DB und DR noch folgende Güterzugbaureihen im Einsatz:

DB	DR
41/41 Öl	41
44/44 Öl	44/44 Öl
50	50, 50^{35}, 50^{40}, 50^{50}
	52, 52^{80}
55^{25}	55^{25}
	58, 58^{30}
82	83^{10}
86	86
94^{5}	94^{5}
	95

Baureihe 41/41 Öl (DB und DR)

Für die Beförderung von Eilgüterzügen stellte die DRG zwischen 1936 und 1941 insgesamt 366 Lokomotiven der Baureihe 41 in Dienst. Mit einer Höchstgeschwindigkeit von 90 km/h (und wenn es sein mußte auch darüber) hatte man eine Universalmaschine zur Hand, die sich auch für den Reisezugdienst eignete. Etwa 220 Maschinen blieben nach 1945 bei der DB, die zwischen 1957 und 1966 103 Maschinen mit neuen Hochleistungskesseln ausrüstete und 40 Maschinen auf Ölfeuerung umbaute. Während die DB alle kohlegefeuerten Loks bis 1970 ausmusterte, blieben die meisten Ölloks bis zum Ende der Dampftraktion auf der Emslandstrecke im Dienst. Die letzte 41 der DB war 042 113, die 1977 ausgemustert wurde.

Auch die DR hatte einen größeren Teil ihrer Maschinen mit neuen Kesseln, teilweise auch mit Knorr-Vorwärmern, ausgerüstet. Die letzten beiden Exemplare wurden erst 1988 abgestellt.

Baureihe 44/44 Öl (DB und DR)

Von der schweren Güterzug-Baureihe 44 befanden sich nach Kriegsende 765 Loks im Erhaltungsbestand der DB. Zur DR gelangten 335 Loks. Diese zugkräftigen und unentbehrlichen Lokomotiven liefen rund um die Uhr im schweren Güterzugdienst, wobei sich das Drillingstriebwerk besonders im Hügelland bewährte. Versuchsweise wurden einige Maschinen mit Verbrennungskammer, Mischvorwärmer, Stokerfeuerung und bei der DR auch mit Kohlenstaubfeuerung ausgerüstet. Beide Bahnverwaltungen ließen etliche Maschinen auf Ölfeuerung umbauen. Selbst in der allerletzten Phase

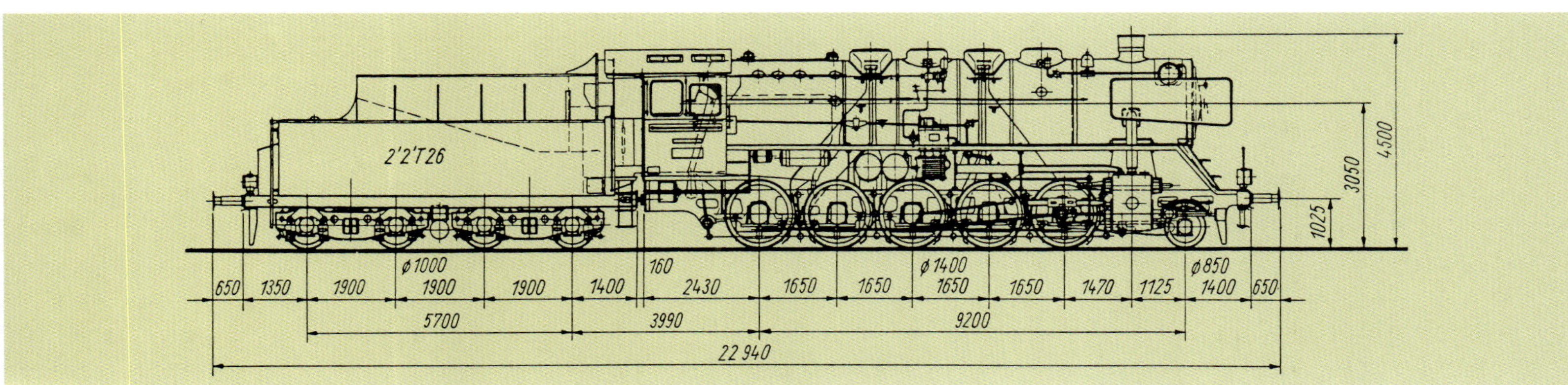

Einheitslok BR 50.

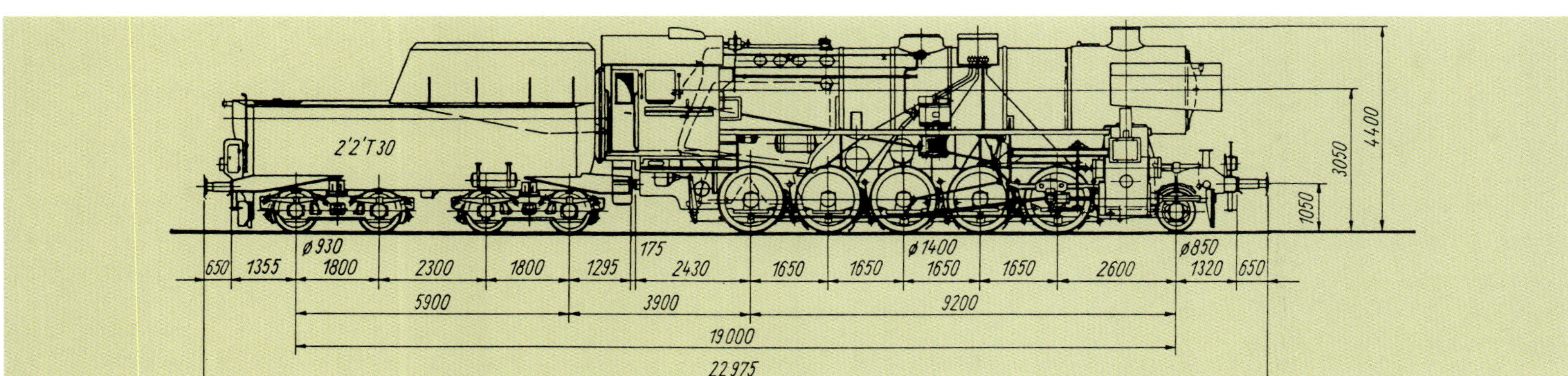

Kriegslok BR 52.

des Dampfbetriebes wurden bei der DB noch Lokomotiven auf Ölfeuerung umgestellt – der letzte Umbau betraf die 044 737 am 6. Mai 1974. Die 043 903 erbrachte am 26. Oktober 1977 mit einem Hilfszug nach Emden die letzte Leistung einer DB-Dampflok überhaupt. Bei der DR war einigen Maschinen ein noch rund zehn Jahre längeres Leben beschieden, ehe auch sie abgestellt wurden.

Baureihe 50 (DB und DR)

Mehr als 2500 Maschinen der leichten Güterzuglokomotive der Baureihe 50 gelangten zur DB, während bei der DR lediglich 350 Loks verblieben. Diese Maschinen, deren geringe Achsfahrmasse von nur 15 t universelle Einsatzmöglichkeiten bot, waren auf Haupt- und Nebenbahnen sowohl im Güter- als auch im Personenzugdienst anzutreffen. Am 1. Juni 1968 befanden sich noch 778 Loks im Einsatzbestand der DB. Während die DB im Laufe der Zeit 730 Maschinen zur Einsparung von Güterzuggepäckwagen mit Kabinentendern ausrüstete, wurden bei der DR insgesamt 208 Maschinen zwischen 1959 und 1963 neubekesselt und mit der neuen Nummer 50^{35} versehen. Von 1966 bis 1968 rüstete man 50 Loks, nun als Reihe 50^{50} bezeichnet, auf Ölfeuerung um.

Bereits 1956 erschien als Neukonstruktion die Baureihe 50^{40}, die den Kessel der Baureihe 23^{10} besaß. Von dieser Baureihe wurden bis 1960 88 Maschinen in Dienst gestellt.

Bei der DB wurde als letzte Lok die 051 724 des Bw Duisburg-Wedau im Jahre 1977 abgestellt.

Am 29. Oktober 1988 zog die 50 3559 des Bw Halberstadt den letzten planmäßigen Dampf-Reisezug der DR.

Baureihe 52/52^{80} (DB und DR)

Die 1942 als vereinfachte Variante der Baureihe 50 entstandene Baureihe 52 war nach Kriegsende bei beiden deutschen Bahnverwaltungen in großen Stückzahlen vorhanden. Während die DB ihre Maschinen bis 1963 ausmusterte, konnte die DR auf diese zuverlässigen Loks noch nicht verzichten, da nur relativ wenige Maschinen der Baureihe 50 bei ihr verblieben waren. Sie unterzog ab 1960 über 200 Exemplare einer Rekonstruktion, die so umgebauten Loks erhielten die Baureihennummer 52^{80}. Die Loks erhielten neue Kessel und ab 1967 auch Giesl-Ejektoren. Die Baureihe 52 gehörte zu den letzten normalspurigen Dampflokomotiven der DR, die in Betrieb waren.

Baureihe 58/58^{30} (DB und DR)

Während die Baureihe 58 bei der DB bis 1953 von den Schienen verschwand, waren die bei der DR gebliebenen Loks weiterhin unentbehrlich,

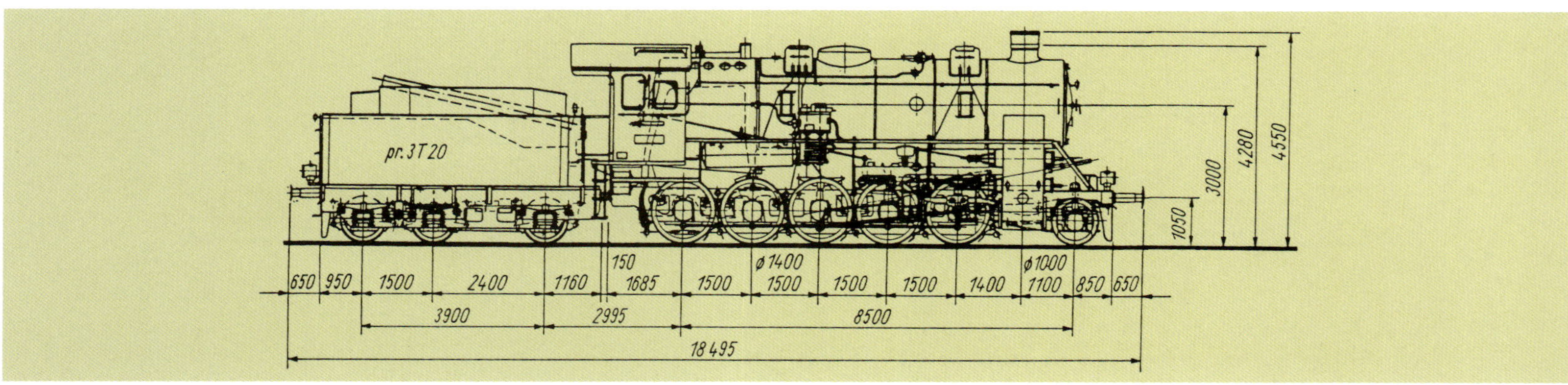

Baureihe 58 (preuß. G 12).

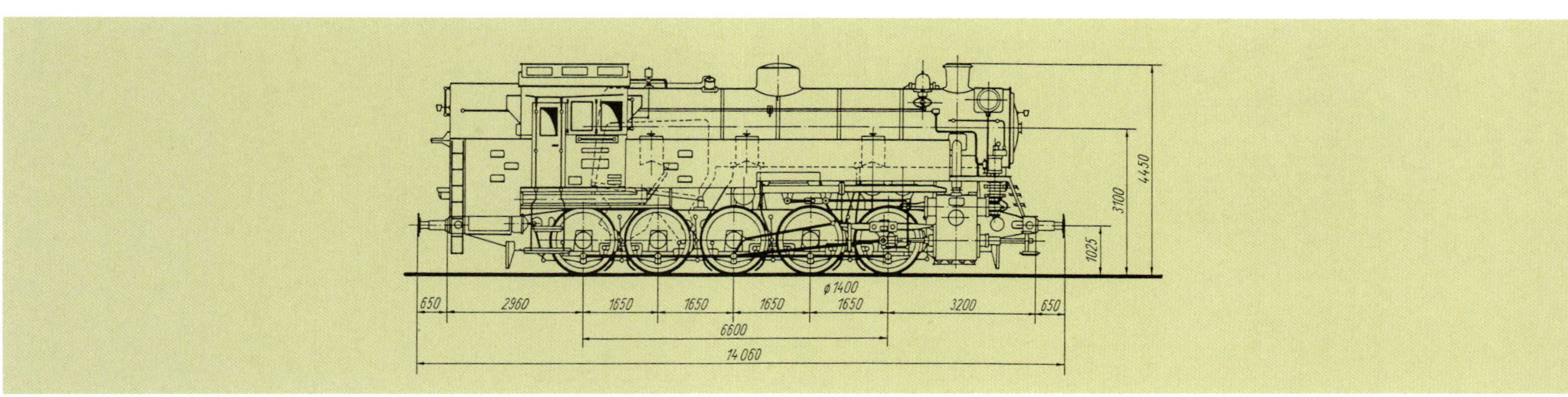

Neubaulok BR 82 (DB).

so daß ab 1958 insgesamt 56 Maschinen, als Baureihe 58^{30} bezeichnet, mit Hochleistungskesseln, verlängertem Rahmen und anderen umfangreichen technischen Verbesserungen versehen wurden. Die nicht umgebauten Maschinen wurden bis 1976 ausgemustert, die 58^{30} hielt sich dagegen noch einige Jahre auf den Strecken des thüringischen und sächsischen Berglandes.

Baureihe 82 (DB)

Diese für den schweren Rangierdienst von der DB in 41 Exemplaren beschaffte E-gekuppelte Lokomotive wurde durch Dieselloks der Baureihe V 90 überflüssig. Anfang der 70er Jahre verschwand sie für immer von den Gleisen.

Baureihe 83^{10} (DR)

Diese als Mehrzweck- und Nebenbahntenderlokomotive ab 1955 in nur 27 Exemplaren gebauten Maschinen mit nur 1250 mm Kuppelraddurchmesser entsprachen aus verschiedenen Gründen nicht den Erwartungen. Deshalb endete der Planeinsatz dieser Baureihe bereits im Sommer 1972 und die Loks wurden abgestellt.

Baureihe 86 (DB und DR)

Von der Universaltenderlokomotive für den gemischten Dienst, der Baureihe 86, kamen nach Kriegsende 387 Maschinen zur DB und 244 zur DR. Während das Feuer unter dem Kessel der letzten DB-86 1974 beim Bw Schwandorf erlosch, wurde die letzte DR-Maschine erst 1988 abgestellt.

Baureihe 94^{5} (DB und DR)

Diese schwere E-gekuppelte Lokomotive für den Rangierdienst wurde erst durch das Erscheinen entsprechender Dieselloks aus ihrem Betätigungsfeld gedrängt. Während bei der DB 1974 die letzte Maschine beim Bw Hamm auf das Abstellgleis rollte, war den wenigen Überlebenden bei der DR noch eine Gnadenfrist von wenigen Jahren vergönnt.

Baureihe 95 (DR)

Zur DB gelangten nach 1945 14, zur DR die restlichen 27 Maschinen dieser Baureihe. Während die DB ihre Loks bis 1956 sämtlich außer Dienst stellte, wurden die DR-Maschinen zwischen 1966 und1968 auf Ölfeuerung umgebaut und noch bis 1981 auf den steigungsreichen Strecken des Thüringer Waldes sowohl im Güter- als auch im Personenverkehr eingesetzt.

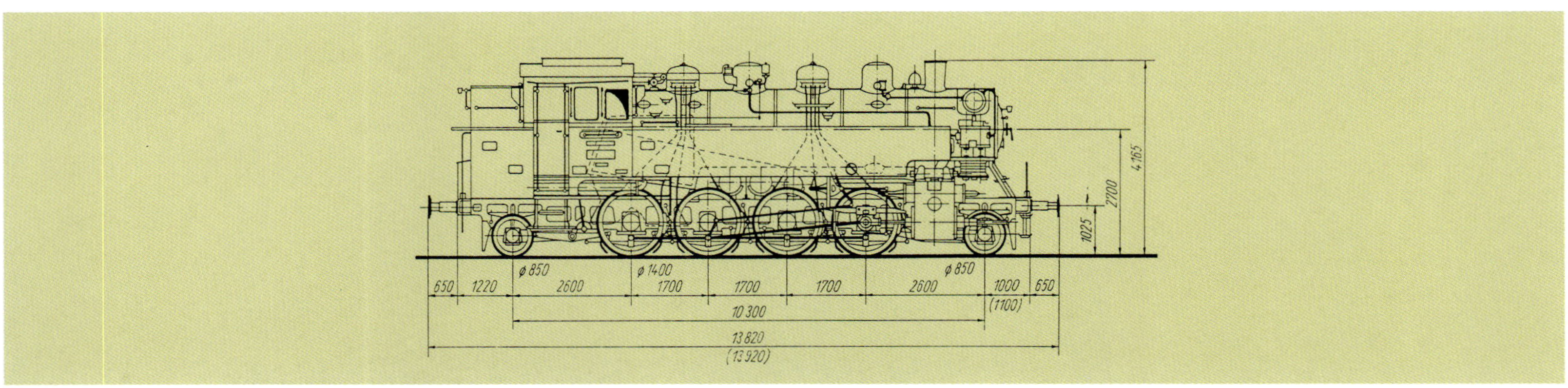

Einheitslok BR 86.

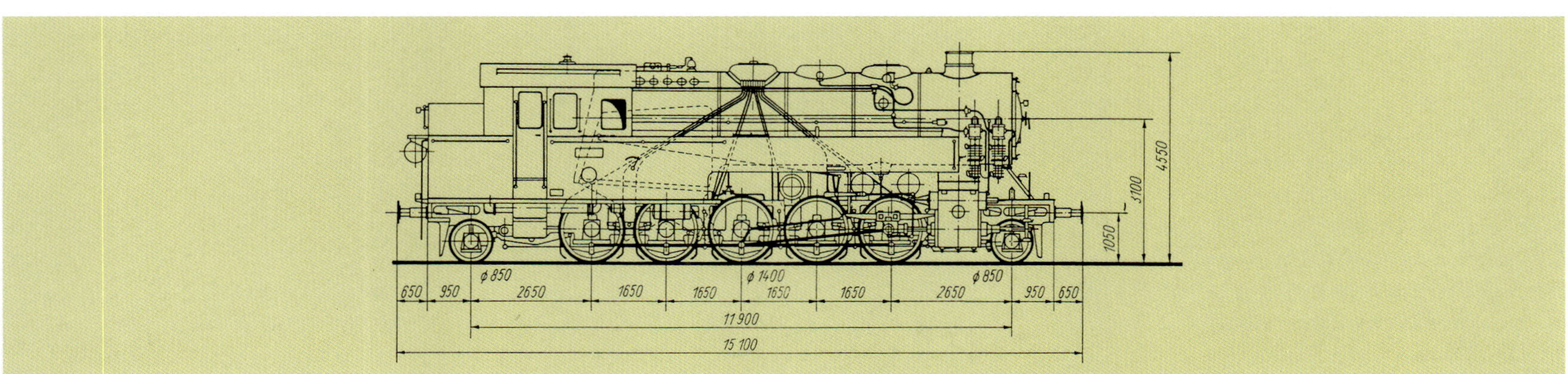

Baureihe 95 (preuß. T 20)

Aufgrund ihres relativ großen Treibraddurchmessers von 1600 mm waren die Loks der Reihe 41 Öl (042) im Güter- wie auch im Reisezugverkehr einsetzbar.
Die Aufnahme zeigt 042 164 in zügiger Fahrt mit einer Ladung VW-Golf zwischen Leschede und Elbergen auf der Fahrt Richtung Emden. Das Foto entstand im Sommer 1974.
Foto: Hilmar Glinski

044 599 hat mit ihrem Nahgüterzug Ng 64431 (Ottbergen - Herzberg) in der Morgenfrühe des 19. August 1975 den Zielbahnhof fast erreicht. Mit Volldampf passiert sie das Einfahrsignal des Bahnhofes Herzberg an der vom ehemaligen Block Auekrug herführenden Steigung.

Auf den langen Steigungen des Weserberglandes waren die dreizylindrigen Güterzugloks der BR 44, auch »Mittelgebirgskönigin« genannt, zuhause. 044 569 hat mit dem Dg 53840 Ottbergen in Richtung Altenbeken verlassen und befindet sich am 3. April 1976 auf Bergfahrt in der Nähe des Haltepunktes Hembsen.

Die ölgefeuerte Variante der BR 44, seit 1968 als 043 bezeichnet, wurde bis zum Ende des Dampfbetriebes bei der DB auf der Emslandstrecke eingesetzt. Eine dieser Maschinen führt im März 1976 einen 1500 t-Erzleerpark (50 Fad-Großraumgüterwagen) und passiert den Schrankenposten 219a einige Kilometer nördlich von Salzbergen.

Mit Volldampf in den Solling! 044 209 mit Dg 53842 kurz hinter Northeim auf dem Wege nach Ottbergen am 19. August 1975. Da die Güterzüge auf dieser Strecke meist gut ausgelastet waren und häufig Grenzlast (1300 t) hatten, mußten sich die Maschinen auf den langen, um 1:100 liegenden Steigungen gehörig ins Zeug legen.

Ebenfalls gut ausgelastet waren die Güterzüge auf der Moselstrecke Koblenz - Trier. Auf dieser »Rollbahn« donnerten noch Anfang der 70er Jahre rund um die Uhr Dampfloks vor Güter- und teilweise auch vor Personenzügen. Die Aufnahme zeigt 044 378 in der Nähe von Neef. Beim Betrachten dieser eindrucksvollen Aufnahme meint man den Drillingstakt der schwer arbeitenden Maschine förmlich zu hören. Foto: Hilmar Glinski

Anfahrt unter voller Kraftentfaltung! Auch bei der DR war die BR 44 noch lange Jahre unverzichtbar. 44 0235 versucht nach einem außerplanmäßigen Halt im Bahnhof Karow bei Berlin, ihre schwere Fuhre wieder in Gang zu bringen, aufgenommen am 9. April 1978.
Foto: Ulrich Winterhoff

Der morgendliche Dg 53853 (Altenbeken - Herzberg), bespannt mit 044 195, legt sich am 14. Mai 1976 zwischen Karlshafen und Bodenfelde in die Kurve. Es gilt, Schwung zu holen für die in Kürze beginnende Rampe über den Solling. Zwei Wochen später, am 31. Mai 1976, wurde auf Dieselbetrieb umgestellt, und die ganze Herrlichkeit war unwiderbringlich vorbei.

44 0182 der DR macht an einem neblig-trüben Wintertag kräftig Dampf vor ihrem Durchgangsgüterzug auf dem Berliner Außenring. Das naßkalte Wetter am 10. Februar 1978 begünstigt die Dampfentwicklung der Lokomotive.
Foto: Ulrich Winterhoff

Eine der Hauptattraktionen der Emslandstrecke zur Zeit des Dampfbetriebes waren die mehrmals täglich verkehrenden schweren 4000-t-Erzzüge, die aufgrund ihres enormen Gewichtes von zwei Loks (in der Regel 2 x BR 043/044) gezogen werden mußten. Im Normalfall hatten diese Züge absoluten Vorrang vor anderen Zügen (ausgenommen Reisezüge) und sollten, um Verspätungen und Zugtrennungen durch Überlasten der Kupplungen beim Anfahren zu vermeiden, möglichst nicht zum Halten gebracht werden.
Auf dieser Seite sehen wir den »Langen Heinrich«, wie er oft von den Eisenbahnern genannt wurde, in Aktion. Während das obere Bild den nachmittags verkehrenden Dg 52918 mit den Lokomotiven 043 321 und 044 327 am 12. Juli 1974 nördlich von Papenburg zeigt, durchfahren auf der unteren Aufnahme 043 574 und eine weitere Maschine vor Dg 52912 am 17. April 1976 den Bahnhof Leer.

Bei der Sollingüberquerung auf der Strecke Ottbergen - Northeim liegt der höchste Punkt mit 237 m über NN im 958 m langen Ertinghäuser Tunnel. 044 084 (mit geschlossener Frontschürze) hat mit Dg 53845 am 9. August 1975 das schwerste Stück hinter sich, als sie aus dem dunklen Tunnelschlund zu Tal rollt.
Foto: Ulrich Winterhoff

Im Juli 1981 macht die DR-44 0601 mit Ölfeuerung kräftig Dampf vor einem langen Güterzug auf der Steigung zwischen Saalfeld und Unterwellenborn.

Auf dem Abschnitt Herzberg - Ellrich (DDR) wurden bis zur Einstellung des Dampfbetriebes im Mai 76 vorzugsweise Dampfloks der BR 50 im grenzüberschreitenden Verkehr eingesetzt. Am 14. August 1975 rollt 052 188 mit Dg 45867 an einem aufgelassenen Schrankenposten vorbei zwischen Osterhagen und Tettenborn zu Tal.

Die landschaftlich sehr reizvolle Gegend rund um Altenbeken war bis zum Sommerfahrplan 1973 ein Zentrum für den schweren Güterverkehr mit den ölgefeuerten Maschinen der BR 043. Die beeindruckenden Viadukte von Altenbeken und Neuenbeken boten besonders lohnende Fotomotive. Die Aufnahme zeigt eine Lok der BR 043 auf dem Viadukt von Neuenbeken im Jahre 1970.
Foto: Hilmar Glinski

Kurz vor dem Bahnhof Karlshafen folgt die Linie nach Northeim dem Lauf der Weser. 044 085 passiert am 7. Mai 1975 mit Dg 53849 diesen Abschnitt mit seinen steil abfallenden Hängen und erzeugt in dem ruhig dahinströmenden Fluß eine eindrucksvolle Spiegelung.

Schon auf einige Kilometer Entfernung konnte man das dumpfe Grollen der sich nähernden 4000-t-Erzzüge auf der Emslandstrecke vernehmen. Einen besonderen Eindruck hinterließ eine solche Vorbeifahrt, wenn man nachts an der Strecke stand. Am 12. August 1972 stampfen 044 671 und 044 374 mit dem morgendlichen Zug am Fotografen vorbei.

Bis Ende 1981 waren die »Jumbos« des Bw Sangerhausen in den schweren Güterzugplänen voll gefordert. 44 0378, am 14. Mai 1978 beim Block Steinberg aufgenommen, stößt zur Freude des Fotografen eine gewaltige Ölqualmwolke aus. Diese freundliche Geste wurde öfter, sozusagen auf Bestellung, von Lokheizern in Ost und West praktiziert.
Foto: Manfred Baumann

044 534 leistet vor Dg 53853 Schwerstarbeit beim Anstieg in den Solling. Das Bild zeigt den Zug wenige Tage vor Einstellung des Dampfbetriebes im Mai 1976 auf dem Damm bei Vernawahlshausen.
Foto: Hilmar Glinski

Eine Lok der Reihe 044 hat an einem kalten Februartag des Jahres 1972 ihre Fahrt von Altenbeken in Richtung Herzberg begonnen. Kurz vor der Einfahrt in den 1631 m langen Rehberg-Tunnel passiert der Zug die charakteristischen Quertraversen der elektrischen Oberleitung in diesem Abschnitt.
Foto: Hilmar Glinski

Als dieses herrliche Winterbild mit einer Lok der BR 043 bei Lathen an der Emslandstrecke entstand, lag der Dampfbetrieb bei der DB bereits in den letzten Zügen. Zum Zeitpunkt der Aufnahme im Dezember 1976 mußte man an der früher mit Dampfzügen dicht belegten Strecke oft stundenlang auf einen entsprechenden Zug warten, was bei der herrschenden Kälte nicht immer ein Vergnügen war.
Foto: Hilmar Glinski

Die Emslandstrecke eignete sich hervorragend, um Dampfzüge bei stimmungsvollen Sonnenuntergängen fotographisch festzuhalten. Zwischen Leer und Ihrhove zieht eine Lok der BR 043 einen Kokszug in den Abend, September 1976.
Foto: Hilmar Glinski

Der Crailsheimer Raum gehörte in den 70er Jahren zu den bedeutendsten Dampfzentren der DB, denn alle Srecken der Umgebung wurden sowohl im Reise- als auch im Güterverkehr überwiegend mit Dampfloks bedient. Wenige Kilometer vor dem Bahnhof von Schwäbisch Hall überquert die Strecke Crailsheim - Heilbronn bei Tullau auf dem gleichnamigen Viadukt das tief eingeschnittene Kochertal. Im November 1973 rollt eine Lok der BR 50 mit einem Güterzug talwärts.

Das Neckartal zwischen Horb und Rottweil war wegen der parallel zur Bahnlininie führenden Bundesstraße 14 zu Dampfzeiten oftmals Schauplatz wilder Autozugverfolgungen. 052 953 hat am 3. Mai 1974 den Bahnhof Altoberndorf mit einem kurzen Nahgüterzug gerade hinter sich gelassen.

Volldampf voraus! 050 578 verläßt mit knallenden Auspuffschlägen am 25 Juli 1975 mit dem Dg 45867 den Bahnhof Herzberg in Richtung Ellrich. Das Bild entstand von der Straßenbrücke über die Bahnhofsausfahrt.

Militärzüge (Dgm) gehörten schon immer zu den Spezialitäten der Eisenbahnfotografen. 051 795 und 050 731 vom Betriebswerk Crailsheim ziehen den schweren Dgm 92703, beladen mit US-amerikanischen M 48 A2-Kampfpanzern über die Steigung bei Niederstetten, 13. September 1975. Foto: Manfred Baumann

043 438 durchfährt mit einem 1500-t-Erzleerpark im September 1971 den Bahnhof Salzbergen.

Güterzugloks der BR 50 vom Bw Neuss versahen bis April 1975 Nahgüterzug- und Übergabeleistungen in der näheren Umgebung ihrer Heimat. 050 745 mit Kabinentender im April 1972 in Neuss Vorbahnhof, an der Stadtgrenze zu Düsseldorf gelegen.

052 339 verläßt im Dezember 1972 mit einem Nahgüterzug den Rangierbahnhof Hof in Richtung Weiden.

Auch auf den verzweigten Strecken des Ruhrgebietes verkehrten in den 70er Jahren noch viele dampfgeführte Güterzüge. Ein Knotenpunkt war bis Juni 1975 der Raum um Oberhausen-West. Am 20. April 1974 überquert ein von einer Lok der BR 50 geführter Güterzug die Autobahn A 3 zwischen Oberhausen und Duisburg.

Bis zum Ende des Dampfbetriebes bei der DR waren die Kriegslokomotiven der BR 52 unentbehrlich. Ursprünglich nur für eine Lebensdauer von 10 Jahren konzipiert, standen die anspruchslosen soliden Maschinen auch bei ausländischen Bahnverwaltungen teilweise bis zu 50 Jahre im Einsatz.
Ab 1960 baute die DR über 200 Maschinen mit neuen Kesseln und anderen Verbesserungen zur BR 52^{80} um. Am neblig-trüben 11. April 1978 durchfährt 52 8177 mit einem Güterzug Berlin-Schöneweide.
Foto: Ulrich Winterhoff

Am 27. Juni 1977 erwischte der Fotograf bei tiefstehender Abendsonne 52 8126 mit Giesl-Ejektor bei Altglienicke.
Foto: Ulrich Winterhoff

Im April 1977 zieht 52 2850 einen Güterzug im Norden Berlins. Die Maschine entspricht im Wesentlichen der Ursprungsausführung. Ab Mitte der 70er Jahre fielen diese nicht rekonstruierten Lokomotiven verstärkt der Ausmusterung anheim.
Foto: Hilmar Glinski

52 8048 verläßt am 22. Mai 1979 den Bahnhof Berlin-Schöneweide und überquert dabei die Hauptstraße. Bemerkenswert ist der desolate Zustand der Straßenbahngleise. Rechts ein IFA W 50 LA/A-Militärpritschen-LKW der NVA.
Foto: Ulrich Winterhoff

52 8139 am 9. Februar 1978 vor einem Güterzug auf dem Berliner Außenring.
Foto: Ulrich Winterhoff

Als Schattenriß hebt sich diese 52^{80} mit Giesl-Ejektor gegen den Abendhimmel ab. Diese Aufnahme im September 1978 war für den Fotografen nicht ganz ungefährlich, denn er befand sich unwissentlich ganz in der Nähe der Zentralen Haftanstalt des Ministeriums für Staatssicherheit der DDR. Bei Entdeckung hätten peinliche Befragungen inklusive Verlust der belichteten Filme die Folge sein können. Foto: Hilmar Glinski

Die bei der DB schon früh ausgeschiedenen Lokomotiven der BR 58 (preuß. G 12) konnte man bei der DR noch 1976 vor Zügen im Einsatz erleben. 58 1800 des Bw Aue vor einem Güterzug bei Hartenstein. Foto: Heinz Schulze

Das Bw Koblenz-Mosel verfügte noch Mitte 1971 über vier E-gekuppelte DB-Neubaulokomotiven der BR 82, die auf den Westerwald-Strecken eingesetzt wurden. Das Foto aus dem Jahre 1970 zeigt 082 040 und eine weitere Lok dieser Baureihe in Koblenz-Lützel. Nach einem Unfall am 11. August 1971 wurde 082 040 z-gestellt. Foto: Hilmar Glinski

95 1027 führt am 25. Februar 1993 den Ng 77457 bei leichtem Schneefall durch die herrliche Winterlandschaft des Thüringer Waldes. Die Aufnahme entstand im Rahmen einer Plandampfveranstaltung bei Ernstthal an der Strecke Probstzella - Sonneberg.
Foto: Manfred Baumann

Das markante Gesicht der DR-Rekolokomotive 01 0528 im Bw Bebra im April 1972. Die beim Bw Erfurt beheimatete Maschine entstand 1964 durch Rekonstruktion aus der 01 119.

Heimat der Dampfloks

Das Bahnbetriebswerk

Neben den Bahnhöfen sind es in erster Linie die Bahnbetriebswerke, kurz Bw genannt, die schon immer eine besondere Anziehungskraft auf Eisenbahnfreunde ausübten. Diese Stätten, in denen die Lokomotiven eingeteilt, gewartet und mit Vorräten versehen wurden, waren lange Zeit nicht öffentlich zugänglich und nur mit offizieller schriftlicher Erlaubnis zu betreten. Erst in den letzten Jahren des Dampfbetriebes drückte das dort tätige Personal, besonders an den verkehrsschwächeren Wochenenden, oft ein Auge zu. Wer aber die Massen von Eisenbahnfreunden erlebt hat, die, je mehr es dem Ende zuging, immer stärker die Bahnbetriebswerke, die noch Dampflokomotiven beheimateten, bevölkerten und zeitweise fast blockierten, Einrichtungen inspizierten und bestiegen und, mit dem Auge am Kamerasucher, oftmals völlig achtlos die Gleise überquerten, muß sich nachträglich wundern, daß nicht mehr Unfälle mit Personenschaden passierten.

Die Lokomotiven einer jeden Bahnverwaltung waren und sind bestimmten Betriebswerken zugeordnet, und da der Aktionsradius einer Dampflokomotive relativ gering war, hatte fast jede größere Stadt in Deutschland ein oder mehrere Bahnbetriebswerke. Bahnbetriebswerke entstanden auch an Kreuzungspunkten bedeutender Strecken (z.B. Bebra). Die Einstellung der Zugförderung mit Dampflokomotiven führte nicht nur zu einem grundlegenden Wandel der technischen Einrichtungen der Bahnbetriebswerke (Wassertürme, Kohlenbansen, Wasserkräne usw. konnten entfernt werden), sondern auch zu einer ganz erheblichen Reduzierung ihrer Anzahl. Mit den modernen Traktionsarten verschwanden nicht nur die klassischen Bw-Einrichtungen, sondern ganze Dienststellen, denn Diesel- und E-Loks ließen wesentlich längere Umläufe zu.

Das Bild eines Dampflok-Bw wurde durch einen oder manchmal auch zwei große Ringlokschuppen geprägt, in deren Mitte eine Drehscheibe angeordnet war. Verschiedentlich übernahmen aber auch Rechteckhallen mit einer querlaufenden Schiebebühne diese Funktion. Die Atmoshäre war durch einen unnachahmlichen Geruch nach Kohle, Rauch und Ruß geprägt.

Der Gleisplan der Bw-Anlagen und die Einrichtungen waren so angelegt, daß die hereinkommenden Lokomotiven in einer bestimmten Reihenfolge zügig und ohne zusätzliches Umsetzen behandelt und wieder ausgerüstet werden konnten.

Das Lokpersonal, das sich etwa eine Stunde vor der planmäßigen Zugabfahrt zu melden und sich über betriebliche Besonderheiten (z.B. Langsamfahrstellen) zu informieren hatte, mußte vor Antritt der Fahrt verschiedene, der Betriebssicherheit dienende Kontrollarbeiten ausführen. Dazu gehörte das Überprüfen des Wasserstandes, des Sandstreuers und der Lager auf ausreichenden Ölstand. Fahrwerk, Bremsen, Luft- und Speisepumpe mußten durchgesehen werden und der Heizer hatte den Kesseldruck so zu steigern, daß der Betriebsdruck vor der Abfahrt des Zuges erreicht war. Rechtzeitig trat dann die Maschine die Fahrt zum Zug an.

Hatte eine Maschine nach ihrer letzten Leistung das Bw erreicht, wurden in der Regel zuerst die Brennstoffvorräte ergänzt. Die Bekohlung erfolgte entweder mit einfachen manuellen Anlagen, bei denen die Kohle mit Körben auf die Lok geladen wurde, mit Förderbändern oder Krananlagen verschiedener Ausführung bis hin zu Hochbunkern mit Wiegevorrichtung. Die Menge der ausgegebenen Kohle wurde aufgezeichnet und aus diesen Werten wurden Kohleprämien für das Lokpersonal mit besonders sparsamem Verbrauch ermittelt.

Anschließend erfolgte das Ausschlacken, wobei Rost und Aschkasten von den Verbrennungsrückständen befreit wurden (bei ölgefeuerten Lokomotiven entfiel diese Arbeit selbstverständlich). In größeren Bw fiel die Schlacke in einen neben bzw. unter dem Behandlungsgleis liegenden, mit Wasser gefüllten Schlackensumpf, der von Zeit zu Zeit vom Bekohlungskran geleert werden mußte. Danach mußte die Rauchkammer, in der sich die während der Fahrt von den Rauchgasen mitgerissene und vom Funkenfänger abgeprallte Lösche befand, von Hand mit der Schaufel gereinigt werden. Diese Arbeit war, genau wie das der Reinigung der Heiz- und Rauchrohre dienende Ausblasen der Rohre, eine äußerst schmutzige und beim Schuppenpersonal unbeliebte Arbeit.

Gleichzeitig mit dem Bekohlen wurde aus schwenkbaren Kränen Wasser genommen. Normalerweise wurde dafür aufbereitetes, speziell enthärtetes Wasser verwendet, um die Kesselsteinbildung zu verhindern.

Waren diese Arbeiten erledigt, wurde die Maschine besandet, eine sehr wichtige Tätigkeit, war doch Streusand beim Anfahren, Bremsen, auf Steigungsstrecken und bei schlechter Witterung auf nassen, schmierigen Schienen zur Erhöhung des Reibungswiderstandes der Treib- und Kuppelräder unerläßlich. Wichtig war, daß der Sand trocken war. Der Vorrat wurde in Sandkästen auf den Loks mitgeführt.

Zwischendurch hatte der Heizer alle Schmierstellen zu ölen, wobei bei mehrzylindrigen Maschinen auch die Innentriebwerke nicht vergessen werden durften. Der Lokführer (»der Meister«) hatte unterdessen Rahmen, Lauf- und Triebwerk und die Bremsen zu kontrollieren.

Nach Abschluß dieser Arbeiten wurde die Maschine mit aufgebautem Ruhefeuer bis zur nächsten Leistung auf einem Standgleis abgestellt. Da Dampflokomotiven in der Regel vorwärts, also Kessel voraus, fuhren, mußten sie auf der Drehscheibe des Bw gedreht werden. Bei Wartungs-, Pflege-, Reinigungs- und leichteren Reparaturarbeiten wurde die Lok im Schuppen oder in der Halle auf dafür vorgesehenen Ständen abgestellt. Zu diesen Fristarbeiten gehörte auch das ein- bis zweimal monatlich notwendige Auswaschen des Kessels.

Die den Betriebswerken angeschlossenen Werkstätten waren in der Lage, regelmäßig wiederkehrende Fristarbeiten und kleinere bis mittelschwere Reparaturen an den Lokomotiven auszuführen. Dagegen mußten Lokomotiven, an denen umfangreiche Reparaturen oder Untersuchungen ausgeführt werden sollten, in das zuständige Ausbesserungswerk (Aw bzw. Raw). Hingegen gehörten der Steuerungs- und Treibstangenausbau, die Untersuchung der Kolbenschieber, das Ausgießen von Lagern und Achsen sowie der Radsatzausbau zu den täglichen Arbeiten des Werkstattdienstes. Für letztere Tätigkeit besaß jedes Bw eine oder mehrere Achssenken.

In jedem Bw wurden selbstverständlich nicht nur die dort beheimateten Lokomotiven versorgt, sondern ebenso die Wendelokomotiven anderer Dienststellen.

Aus den aufgezählten vielfältigen Tätigkeiten der Lokbehandlung wird deutlich, daß nicht nur Lokführer und Heizer für die Aufrechterhaltung des Bahnbetriebes notwendig waren. Meist unbekannt blieben die vielen Lokschlosser, Drehscheibenwärter, Lokputzer, Schuppenheizer und Ausschlacker, ohne deren Wirken im Hintergrund keine Lokomotive gefahren wäre.

Nicht zu vergessen ist die Lokleitung, die den Dienst des Lokpersonals und den Umlauf der Triebfahrzeuge verantwortlich zu organisieren und zu überwachen hatte. Diese vielseitige Tätigkeit verlangte eine gehörige Portion an Übersicht und Organisationstalent.

Winter im Bw Hof am 29. März 1969. Parade der Tenderlokomotiven der Baureihen 64 und 86: von rechts: 86 401, 86 095, 64 049, 86 543, 64 031, 86 236 und 64 194.
Foto: Hilmar Glinski

052 404 vom Betriebswerk Betzdorf am 27. August 1975 auf der Drehscheibe. Der Platz für den Rundschuppen mußte aus den Felsen herausgesprengt werden.
Foto: Ulrich Winterhoff

Sonntagsruhe im Betriebswerk Rheine am 20. Februar 1971. Wegen des an Sonn- und Feiertagen eingeschränkten Güterverkehrs waren meist alle Stände des Lokschuppens belegt. Von links: 042 073, 042 175, 012 063, 043 665 und 012 052.

Der rußgeschwärzte Lokschuppen der Bw-Außenstelle Lauda im Jahre 1971. Zu dieser Zeit herrschte dort allenthalben noch Hochbetrieb. Vor dem Schuppen warten 064 496 und 050 406 auf weitere Einsätze.
Foto: Hilmar Glinski

Lokparade auf den Standgleisen des Bw Emden am 31. August 1974.
Von links: 042 083, 042 164 und 012 063. Das 135 mm-Teleobjektiv läßt die Maschinen besonders gedrungen erscheinen.

Das Güterzug-Bw Gelsenkirchen-Bismarck in der letzten Phase des Dampfbetriebes 1976. 044 654, 044 508 und 044 379 präsentieren sich vor dem Lokschuppen dem Fotografen.

Ein beliebtes (und oft gestelltes) Motiv für Fotografen war das Wasserüberlaufen beim Wasserfassen der Loks. Am 15. August 1975 ist 044 566 im Bw Ottbergen mit dieser Prozedur an der Reihe.

Lokomotiven der BR 044 im Betriebswerk Gelsenkirchen-Bismarck im April 1977. Nur wenige Wochen später endete dort der Dampfbetrieb. Die zum Ende der Dampflokzeit bei der DB von Eisenbahnfreunden so beliebten weißen Pufferränder gehörten ursprünglich, zusammen mit Tarnblenden an den Loklaternen, zu den Maßnahmen im Zuge der Verdunkelung während des Krieges und sollten die Lok besser sichtbar machen.
Foto: Hilmar Glinski

86 1741 des Bw Annaberg-Buchholz während der vom Personal unbeliebten, weil schmutzigen Arbeit des Löscheziehens am 20. April 1976.
Foto: Heinz Schulze

Die Schuppenmannschaft der Bw-Außenstelle Herzberg beim Bekohlen einer Lok der BR 44 mittels Kohlehunten im August 1975. Zur Reduzierung der Staubbildung wird die Kohle mittels Wasserschlauch genässt. Die Behandlungsanlagen des inzwischen abgerissenen Betriebswerkes stammten noch aus dem vorigen Jahrhundert.

044 385 im Oktober 1975 im Betriebswerk Gelsenkirchen-Bismarck nach der Bekohlung aus dem großen Hochbunker. Nach dem Löscheziehen reinigt ein Bw-Bediensteter die Front.

051 397 (Bw Lehrte) und 044 566 (Bw Ottbergen) am 22. Juli 1975 auf dem Gelände der geschäftigen Bw-Außenstelle Herzberg. Dieses Foto läßt die unterschiedlichen Kesseldimensionen der beiden markantesten Güterzugdampflokreihen bei DB und DR gut erkennen.

Frontansicht der Güterzuglokomotive 052 223 am 7. April 1975 im »Lokschuppen ohne Dach« in Herzberg. Durch einen Sturmschaden wurde das ohnehin schon etwas baufällige Dach des Schuppens zerstört und danach auch nicht mehr repariert, da das Ende dieses kleinen Bw absehbar war.

Der Heizer von 012 063 bei seinem Rundgang mit der Ölkanne auf dem Frontumlaufblech der Maschine. Das Bild entstand am 23. März 1975 im Bw Rheine, nachdem die Lok den D 715 von Norddeich-Mole nach Rheine gebracht hatte.

Endlich Feierabend! Oberlokführer Witt vom Bw Ottbergen hat sich die Zigarette verdient. In der Metallkasette befindet sich das »Dossier« der Lok 044 462. Aufgenommen am 17. April 1975.

Eine besonders reizvolle Stimmung verbreiten Nachtaufnahmen aus Bahnbetriebswerken. Die Beleuchtung von 012 075 spiegelt sich in der Nacht vom 31. Oktober auf den 1. November 1973 in einer Pfütze. Im Hintergrund ist 044 481 (mit Frontschürze) zu erkennen.
Foto: Ulrich Winterhoff

Dampfalltag im Betriebswerk Rottweil am 3. Januar 1974.
78 246 - letzte T 18 der DB - hat zur Zeit keinen Dienst. Im Vordergrund wird gerade die Schlackengrube entleert.
Foto: Ulrich Winterhoff

Detailaufnahme des Triebwerks von 044 389, aufgenommen im August 1975.

044 319 im Juli 1975 unter der Großbekohlung des Bw Braunschweig.

Blick auf das kräftig durchgebildete Triebwerk der schweren Güterzuglokomotive 043 681 am 23. März 1975 im Bw Rheine.

044 953 mit der Kreideaufschrift »Letzte Fahrt« und weißen Ringen auf den Puffertellern im Oktober 1975 im Betriebswerk Gelsenkirchen-Bismarck. Am linken Bildrand ist die Dieselablösung zu erkennen.
Foto: Ulrich Winterhoff

Am 11. Juni 1978 wird die DR-Schnellzuglok 01 2118 (ex. 01 118) im Bw Dresden-Altstadt gedreht. Ihre letzten großen Aufgaben hatten diese Maschinen von 1974 bis 1977 im Schnellzugdienst auf der Strecke Dresden - Berlin, wo sie voll gefordert wurden.
Foto: Manfred Baumann

Mit ohrenbetäubendem Krachen blasen die Sicherheitsventile der hinter 042 310 stehenden Maschine ab.
Bw Rheine im April 1976.

Blick auf 044 592, die nach Beförderung des Dg 53063 (Gremberg - Betzdorf) nach erfolgter Lokbehandlung auf die Drehscheibe des Bw Betzdorf gefahren ist. Vom steilen Hang oberhalb des Lokschuppens konnte man direkt auf die Drehscheibe sehen.
Foto: Ulrich Winterhoff

Porträt von 044 557, aufgenommen am 16. Juli 1975 im Bw Herzberg.

Die tosende Glut auf dem fast 5m² großen Rost der 044 671.

Das Gesicht der ex 99 1749 als 099 728 im Juli 1994 im Bw Zittau.
Foto: Bodo Schulz

Auf schmalen Spuren

Kleine Lokomotiven mit großen Leistungen

Das deutsche Eisenbahnnetz war vom 5. Dezember 1835, der Eröffnung der ersten, 6 km langen Bahnstrecke von Nürnberg nach Fürth, bis 1850 auf 5.900 km Länge angewachsen, und bis zur Reichsgründung 1871 war das Grundnetz mit den wichtigsten Strecken komplett. Die Reichsgründung fachte die wirtschaftliche Entwicklung weiterhin ungemein an, Deutschland wurde zu einer Industriemacht. Das Grundnetz der Eisenbahn verdichtete sich von 1871 bis 1914 um das dreieinhalbfache, es umfaßte beim Ausbruch des Ersten Weltkriegs 62.000 km, davon 35.000 km Hauptstrecken.

Die Entstehung der Schmalspurbahnen

Dem Straßenwesen kam in jener Gründerzeit als Zubringer für die Eisenbahn zwar eine wesentliche Rolle zu, es erwies sich aber wegen seines ungenügenden Ausbaues als nicht leistungsstark genug. Vor allem blieb das Kraftfahrzeug noch viele Jahrzehnte wirtschaftlich unbedeutend. So war die Forderung der Wirtschaft nach wenig aufwendigen kleinen Anschlußbahnen zur Erschließung der Fläche eine logische Konsequenz. Mit den 1876 erlassenen »Grundzügen für die Gestaltung von Secundär-Eisenbahnen«, der 1878 folgenden »Bahnordnung für deutsche Eisenbahnen untergeordneter Bedeutung« und dem 1892 von Preußen erlassenen sogenannten »Kleinbahngesetz« war fortan der Bau vielgestaltiger Zubringerbahnen mit Spurweiten zwischen 1.000 und 600 mm möglich.

Die Einsparung an Bau- und Betriebskosten war bei den Schmalspurbahnen selbst gegenüber vereinfachten Nebenbahnen der Regelspur enorm. Im schwierigen Mittelgebirgsgelände konnten durch die Nutzung kleinster Krümmungsradien ansonsten für den Bahnbau unmögliche Trassenführungen realisiert werden. So nimmt es nicht Wunder, daß einzelne Gesellschaften rasch beachtliche Netze entwickelten. Die für das Reich insgesamt ausgewiesenen Schmalspurstrecken hatten 1914 eine Länge von 2.220 km und im Jahr 1942 schließlich eine Gesamtlänge von 8.750 km erreicht

Nach dem Zweiten Weltkrieg blieben für das Gebiet der späteren DDR 1.600 km übrig, von denen 300 km für Reparationsleistungen an die Sowjetunion demontiert wurden. Ein Beschluß der «Deutschen Wirtschaftskommission» vom 9. März 1949 unterstellte alle in der sowjetischen Besatzungszone dem öffentlichen Verkehr dienenden Eisenbahnen der Deutschen Reichsbahn. Die Schmalspurbahnen spielten wegen des nur schwach entwickelten Straßenverkehrs in der DDR die gleiche wichtige Zubringerrolle wie zu Beginn des Jahrhunderts. Die DR reduzierte das 1.300 km lange Schmalspurnetz des Jahres 1950 bis 1965 lediglich um 300 km, und sie ließ 41 Lokomotiven für 1.000 mm und für 750 mm Spurweite neu bauen. Erst mit dem Erstarken der Kraftfahrzeugindustrie wurde das Netz dann binnen fünf Jahren halbiert; der Unterhaltungsaufwand für die verschlissenen Bahnanlagen war riesig geworden. 1974 legte der Verkehrsminister fest, sieben Schmalspurbahnen mit 210 km Streckenlänge als Touristikbahnen zu erhalten: Bad Doberan - Kühlungsborn (Molli), Wernigerode - Nordhausen (Harzquer- und Brockenbahn), Gernrode - Harzgerode (Selketalbahn), Freital-Hainsberg - Kurort Kipsdorf, Radebeul - Radeburg (Traditionsbahn), Zittau - Kurort Oybin, Cranzahl - Oberwiesenthal. Später kam die Strecke Putbus - Göhren (Rasender Roland) hinzu, und auf der Selketalbahn wurde einer wirtschaftlicheren Betriebsführung wegen von 1981 bis 1983 der 14 km lange Abschnitt Straßberg - Stiege wiederaufgebaut und damit die Verbindung mit der Harzquerbahn wiederhergestellt.

Die Entwicklung der Schmalspurlokomotiven

Wesentlich für die Entwicklung der Schmalspurbahnen war der Bau entsprechender Lokomotiven. Sie mußten wendig genug sein, um die gegebenen Möglichkeiten kleinster Krümmungsradien voll zu nutzen, sie mußten leicht genug sein, um die Anforderungen an den Ober- und Unterbau gering zu halten, sie mußten leistungsstark genug sein, um mit entsprechenden Zuglasten den angestrebten wirtschaftlichen Nutzen einfahren zu können, und sie mußten bei Einhaltung aller gesetzlichen Vorschriften hinsichtlich des Kesselbaues usw. einfach in der Bedienung und insgesamt preisgünstig in der Beschaffung sein. Das waren Forderungen, die z.T. einander widersprachen und die hohe Anforderungen an die Maschinenbauanstalten stellten. Es ist daher nicht verwunderlich, daß, wie bei der Regelspurbahn, zahlreiche Konstruktionen entstanden, von denen sich zwar viele als technisch möglich, aber nur wenige als wirtschaftlich erfolgreich erwiesen.

Die technische Entwicklung der Schmalspurlokomotiven ist besonders einprägsam an den sächsischen Triebfahrzeugen darstellbar. Der 1983 bei transpress in Berlin erschienene Titel «Schmalspurbahnen in Sachsen» enthält eine Systemdarstellung der sächsischen Maschinen, die das Wachstum der Lokomotiven verdeutlicht.

Die I K wurde erstmals 1881 beschafft. Robust und für den Anfang leistungsstark genug, sicherte sie mit 44 Exemplaren die Grundbedürfnisse der ersten zehn Jahre. Die letzte I K lief bis 1964 als Werklok in einer Maschinenfabrik und wurde leider verschrottet.

Die II K (alt) entstand aus dem Bestreben, höhere Zugkräfte zu gewinnen und ausländische Erfahrungen zu nutzen. In England wurden daher 1885 zwei Fairlie-Doppellokomotiven mit mittigem Stehkessel auf dem Führerstand und nach beiden Seiten anschließenden Längskesseln gekauft. Jede Lokhälfte hatte ein Triebwerk. 1909 waren beide Maschinen ausgemustert.

Eine höhere Zugkraft versprach man sich auch durch das Kurzkuppeln zweier I K. Dem Versuch mit der II K (neu) genannten Gattung dienten zwei Pärchen. Sie liefen von 1913 bis 1916 bzw. 1923.

Die Gattung III K war eine Stütztenderkonstruktion aus dem Jahre 1889. Sie und die V K aus dem Jahre 1901 blieben mit sechs bzw. neun Exemplaren ebenfalls Splittergattungen. Beide verursachten erheblichen Unterhaltungsaufwand: die Stütztenderlok wegen ihres Doppelparallelogramm-Triebwerkes (von Spöttern «Heuwender» genannt), die V K wegen der anfälligen Klien-Lindnerschen Hohlachsantriebe, die den Achsen der D-gekuppelten Lokomotive die für 40 m Bogenhalbmesser erforderliche Seitenbeweglichkeit verschaffen sollten.

Einen damaligen Höhepunkt bildete die IV K, eine Konstruktion der Sächsischen Maschinenfabrik (vorm. Richard Hartmann) in Chemnitz nach dem System Meyer mit zwei Triebdrehgestellen.

Obwohl sich die IV K bewährte, blieb der Bedarf nach einer betont leistungsstarken Lokomotive mit geringem Unterhaltungsaufwand. Als daher 1918 von Henschel & Sohn 15 nicht mehr an die Heeresfeldbahn ausgelieferte Eh2t angeboten wurden, griff die sächsische Staatsbahn zu und reihte sie als VI K in den Bestand ein. Diese ersten Schmalspur-Heißdampflokomotiven bewährten sich so gut, daß 1923 eine Nachfolgebestellung aufgegeben wurde.

Das Schema sächsischer Schmalspurlokomotiven enthält auch zwei Einheitslokomotiven. Als die Deutsche Reichsbahn-Gesellschaft bald nach ihrer Gründung den Länderbahnlokomotivpark sichtete und sich zur Entwicklung von Einheitslokomotiven entschloß, konnte die RBD Dresden den Auftrag zum Bau einer Einheits-Schmalspurlokomotive durchsetzen. Das Ergebnis war die Baureihe 99^{73-76}, die nach dem Zweiten Weltkrieg noch einmal als 99^{77-79} nachgebaut wurde.

Wie in Sachsen vollzog sich die technische Entwicklung der Dampflokomotiven bei allen Schmalspurbahnen im Prinzip ähnlich, jeweils zugeschnitten auf die örtlichen Besonderheiten und die wirtschaftlichen Möglichkeiten.

Die Schmalspurlokomotiven der DDR

Als die Deutsche Reichsbahn Anfang der sechziger Jahre daran ging, ihre Schmalspurbahnen auf ein wirtschaftlich begründetes Weiterbestehen zu untersuchen, gab es noch 31 Strecken. Sie wurden bis zum Ende der DDR auf die bereits genannten neun Strecken reduziert, darunter fiel z. B. die Spreewaldbahn, die seit 1970 abgebaut ist und über deren Wiedererweckung immer wieder spekuliert wird. Originallokomotiven sind nicht mehr vorhanden. Die in Bruchhausen-Vilsen stehende 99 5633 der Spreewaldbahn stammte aus Ostpreußen von der Pillkaller Kleinbahn. Unsere Betrachtung der DR-Schmalspurlokomotiven beschränkt sich daher auf die Triebfahrzeuge der verbliebenen Strecken.

Sächsische Schmalspurbahnen

Das von der Eröffnung der ersten Teilstrecke von Wilkau nach Kirchberg am 17. Oktober 1881 an staatliche sächsische Schmalspurnetz wurde in über 100 Jahren von 13 Triebwagen und 290 Dampflokomotiven befahren. Zur Wende 1989/90 gab es noch 53 einsatzfähige Dampflokomotiven.

IV K: Die IV K wurde von 1891 bis 1922 in 96 Exemplaren gebaut. Sie besitzt zwei Triebdrehgestelle, hinten in einem Außenrahmen eine Hochdruck-, vorn in einem Innenrahmen eine Niederdruckdampfmaschine. Der Frischdampf gelangt vom Dampfdom am hinteren Ende des Stehkesselscheitels über ein Kugelrohrgelenk zu den Hochdruckzylindern, von dort teilentspannt zu den Niederdruckzylindern. Die Abdampfrohre haben wiederum Kugelrohrgelenke mit Stopfbüchsen, die stets allzugern zu Undichtigkeiten neigten. Damit die vordere und hintere Dampfmaschine gleich große Antriebskräfte erzeugen, hat der Hochdruckzylinder 240, der Niederdruckzylinder 400 mm Durchmesser. Die Lokomotive vermag Gleise mit 40 m Bogenhalbmesser zu befahren, jedes Drehgestell hat eine eigene Zug- und Stoßvorrichtung. Das Leistungsprogramm ermöglicht für die Maschinen mit 14 bar Kesseldruck bei 30 km/h (Höchstgeschwindigkeit) auf 10 ‰ Steigung eine Anhängelast von 170 t.

Von 1962 bis 1967 wurden 30 Maschinen der Gattung IV K im Raw Görlitz rekonstruiert. Dabei erhielten sie neue Kessel und teilweise neue Rahmen. Der viereckige Sanddom für das hintere Drehgestell entfiel, daran sind sie äußerlich gut zu erkennen. Alle Reko-Lokomotiven erhielten Sicherheitsventile der Bauart Ackermann.

Von den 57 Lokomotiven der Gattung IV K, die den Krieg einsatzfähig überstanden hatten, wurden einige nach 1950 auch außerhalb Sachsens eingesetzt. Neun gingen auf die Insel Rügen, drei zur Priegnitzer Kreiskleinbahn.

Zum 1. Januar 1992 wurden noch insgesamt 13 Lokomotiven umgenummert (099 701 bis 099 713). Es sind dies im Einzelnen die ehemaligen 99 1539, 99 1542, 99 1561, 99 1562, 99 1564, 99 1568, 99 1574, 99 1582, 99 1584, 99 1585, 99 1586, 99 1606 und 99 1608.

Betriebslokomotive in Radebeul ist die 99 1539. Sie fährt dort als Traditionslok unter ihrer ehemaligen Bahnnummer 132 in grünem Lack. Die 99 1542 und die 99 1568 wurden an einen Verein verkauft, der auch die 99 1590 besitzt. Die Museumsbahn Schönheide hat die 99 1582 und die 99 1585 erworben, Betriebslok in Oberwiesenthal ist die 99 1586. In Rothenkirchen steht die 99 516, in Geyer die 99 534. Dem Verkehrsmuseum in Dresden gehört die 99 535, in Söllmnitz steht die 99 555 und im Eisenbahnmuseum Oberrittersgrün die 99 579. Die 99 604 ist an die DGEG verkauft worden.

VI K, 99^{67-71}: Die von Henschel & Sohn ursprünglich für die Heeresfeldbahn gebauten und 1919 von der sächsischen Staatsbahn übernommenen 15 Eh2t-Lokomotiven waren die ersten Heißdampfmaschinen und die ersten fünffach gekuppelten Triebfahrzeuge für 750 mm Spurweite. Sie zeichneten sich durch eine große Zugkraft aus. Um den engen Kurvenlauf zu ermöglichen, hatten die erste und fünfte Achse 30 mm und die dritte Achse 20 mm Seitenspiel. Die Treibstangen gingen auf den vierten Radsatz.

Wegen des guten Erfolges der Baureihe ließ die DRG zwischen 1923 und 1927 47 Maschinen nachbauen. Davon kamen 42 Maschinen als Baureihe 99^{67-71} nach Sachsen. Von der Gattung VI K und der Nachbauserie überstanden 26 den Krieg. Sieben von ihnen erhielten zwischen 1964 und 1967 im Raw Görlitz neue Kessel und neue Rahmen, und die Treibstange wurde an die dritte Achse angelenkt.

Eingesetzt waren die VI K überwiegend im Wilsdruffer Netz, bis sie ab 1972 ausgemustert wurden. Die 99 713 ist betriebsfähig erhalten. Sie befindet sich bei der Traditionsbahn in Radebeul Ost.

99^{73-76}: Die auf Antrag Sachsens entwickelte erste Einheits-Schmalspurlokomotive der Deutschen Reichsbahn-Gesellschaft war eine 1'E1'h2t mit Barrenrahmen. Um damit 50-m-Gleisradien befahren zu können, war der Spurkranz der Treibachse zunächst geschwächt, später völlig abgedreht, die zweite und fünfte Kuppelachse zunächst 6 mm, später 24 mm seitenverschieblich, und die Bissel-Achsen (Laufachsen im Deichselgestell) konnten nach beiden Seiten je 120 mm ausschwenken.

Von 1928 bis 1933 wurden 32 Stück gebaut. Sie vermochten in der Ebene 570-t-Züge mit 30 km/h (Höchstgeschwindigkeit) zu ziehen. Wegen ihrer großen Ähnlichkeit mit den Regelspur-Einheitslokomotiven gab man ihnen den Spitznamen «Weihnachtsbaum»: Es hängt alles dran!

1950 waren noch 22 Lokomotiven vorhanden, zehn als Reparationsleistung an die Sowjetunion abgegeben worden. Zwischen 1963 und 1966 erhielten 14 Maschinen neue Kessel, gleichzeitig begannen die ersten Ausmusterungen. Ein Probeeinsatz der 99 1735 auf Rügen mußte abgebrochen werden, da sie wegen ihrer Größe dort nicht unterstellbar war.

Erhalten geblieben und im Bw Zittau stationiert sind die 99 1731, 99 1735, 99 1741, 99 1747, 99 1749, 99 1750, 99 1757, 99 1758 und die 99 1759 sowie in Freital-Hainsberg die 99 1734, 99 1746, 99 1761 und die 99 1762. Seit der Umzeichnung am 1. Januar 1992 tragen sie die Betriebsnummern 099 722 bis 099 735

99^{77-79}: Weitgehend mit der BR 99^{73-76} identisch wurde beim VEB Lokomotivbau »Karl Marx« Babelsberg von 1952 bis 1957 mit 24 Stück ein Nachfolger gebaut, der sich im wesentlichen durch modernere Fertigungsverfahren und durch die Verwendung eines versteiften Blechrahmens anstelle des Barrenrahmens unterschied. Sie erhielten die Betriebsnummer 99 771 bis 99 794. Die 99 771 war die erste Neubaulokomotive der DR nach dem Krieg. Die Lokomotiven hatten nicht die Qualität wie ihre Vorgängerinnen. So gab es immer wieder Verbiegungen am Blechrahmen, und nach der Wende mußten 1991 und 1992 im Raw Meiningen 14 Maschinen mit neuen Rahmen und Kesseln bestückt werden.

Am 1. Januar 1992 sind insgesamt 21 Lokomotiven als 099 736 bis 099 757 umgezeichnet worden. Es sind dies die im Aw Meiningen behandelten 99 1771, 99 1772, 99 1773, 99 1775, 99 1777, 99 1778, 99 1779, 99 1782, 99 1785, 99 1787, 99 1788, 99 1789, 99 1793 sowie die 99 1794. Die 99 1781 befindet sich im Verkehrsmuseum Nürnberg, die 99 1782 und 99 1784 sind auf Rügen stationiert, und die 99 1787 erhielt eine Ölhauptfeuerung. Die meisten Maschinen befinden sich in Nossen.

Schmalspurbahnen im Harz

Die beiden 1.000-mm-Bahnen im Harz, die Selketalbahn von Gernrode über Stiege nach Eisfelder Talmühle mit den Stichstrecken nach Harzgerode und Hasselfelde (insgesamt 52 km) sowie die Harzquer- und Brockenbahn von Nordhausen nach Wernigerode mit der 19 km langen Stichbahn von Drei Annen Hohne auf den 1.442 m hohen Brocken (insgesamt 79 km) waren von jeher eine Wirtschaftsgemeinschaft, sind aber netzmäßig 1946 durch die fast vollständige Demontage der Selketalbahn getrennt worden. Bis Juli 1950 war zwar ein Großteil der Strecke wiederaufgebaut, der Lückenschluß zwischen Straßberg und Stiege erfolgte allerdings erst 1983, wobei in Stiege zur Rationalisierung des Betriebsablaufes die inzwischen bekannte Wendekurve mit Rückfallweichen entstand.

(Die Südharzeisenbahn ist 1945 durch die Zonengrenze in Sorge vom gemeinsamen Netz abgetrennt und 1963 eingestellt worden. Sie wird hier nicht mit betrachtet.)

Die Harzquerbahn mit 1.000 mm Spurweite hat kleinste Krümmungsradien von 60 m. Demzufolge sind auch die Laufwerkkonstruktionen für die Lokomotiven weniger aufwendig gewesen als in Sachsen. Wo dort eine Meyer-Lokomotive mit zwei Triebdrehgestellen notwendig war, genügte hier eine Mallet-Lokomotive mit nur einem drehbaren Triebgestell; das andere konnte fest im Rahmen untergebracht sein.

Die Ursprungs-Triebfahrzeugausstattung der Harzbahnen ist längst verschrottet. Es waren einige B- und C-gekuppelte Naßdampfmaschinen, die bereits als Baulokomotiven gedient hatten. Charakteristisch wurden – neben drei Ausnahmen – die schon erwähnten und ab 1897 beschafften Mallet-Lokomotiven und später die Neubaulokomotiven aus Babelsberg.

99^{590}: Zwischen 1897 und 1901 beschaffte die Nordhausen-Wernigeroder Eisenbahn, später als Harzquer- und Brockenbahn bezeichnet, zwölf Mallet-Lokomotiven. Sie bewährten sich ausgezeichnet. Die hintere fest im Rahmen gelagerte Triebwerksgruppe war mit der Hochdruckdampfmaschine ausgerüstet.

Sechs Maschinen gingen im Ersten Weltkrieg verloren, eine weitere verunglückte 1927. Von der Deutschen Reichsbahn wurden 1949 fünf Fahrzeuge mit den Betriebsnummern 99 5901 bis 99 5905 übernommen und ab 1956 auf der Selketalbahn eingesetzt, nachdem die Neubaulokomotiven aus Babelsberg den Dienst auf der Harzquerbahn angetreten hatten. Die 99 5904 und 99 5905 sind seit den siebziger Jahren ausgemustert, die 99 5901 bis 99 5903 im Traditionsbetrieb mit grün-schwarzem Anstrich und ihren ehemaligen Bahnnummern tätig. Dazu gehört auch die 99 5906, eine nahezu baugleiche Mallet aus dem Jahre 1920. Sie ist einen guten halben Meter länger als ihre älteren Schwestern, äußerlich aber leicht an den gerundeten Dachkanten des Führerhauses erkennbar.

99 6001: 1937 hatte Krupp von den drei Harzbahnen den Auftrag erhalten, ein Schmalspurtypenprogramm zu entwickeln. Es entstanden drei Entwürfe für drei Lokomotiven, die sich lediglich wegen der Achsanordnungen 1'C1', 1'D1' und 1'E1' in den Rahmen- und Kessellängen unterschieden. Infolge des ausbrechenden Krieges wurde nur noch die C-Version gebaut, die sich bis heute bewährt und bis 50 km/h hervorragend ruhig läuft. Zwischen 1971 und 1983 war die 99 6001 ständig im Inselbetrieb der Selketalbahn eingesetzt, und 1991 zog sie unter ihrer alten Bahnnummer 21 einen der Wiedereröffnungszüge auf den Brocken.

99 7222: Mit der Entwicklung einer Einheits-Schmalspurlokomotive für die sächsischen 750-mm-Bahnen in den zwanziger Jahren ließ die DRG auch eine Einheitslok für 1.000 mm Spurweite herstellen. Sie wurde als Reihe 99^{22} bezeichnet und 1930 in drei Exemplaren bei Schwartzkopff gebaut. Wegen der größeren Spurweite war es möglich, bei ihnen den Kessel einer Regelspurbaureihe (BR 81) zu verwenden.

Die 99 221 und 99 223 gingen im Krieg in Norwegen verloren, 99 222, die spätere 99 7222 kam 1966 von Eisfeld nach Wernigerode und verunglückte dort am 21. August 1994 an der Steinernen Renne.

Die Baureihe 99^{22} diente als Vorlage für die in Babelsberg gebaute 99^{23}.

99^{23}: Die Deutsche Reichsbahn ließ von 1954 bis 1956 beim VEB Lokomotivbau «Karl Marx» in Babelsberg 17 1'E1'h2t bauen, gab ihnen die Betriebsnummern 99 231 bis 99 247 und setzte sie anfangs z.T. auch in Thüringen (Gera und Eisfeld) ein, ab 1973 aber alle auf der Harzquerbahn, dort ab 1972 als 99 7231 bis 99 7247 geführt.

Grundlage für die Konstruktion war die Einheitslokomotive 99 7222. Ihre Kurvenläufigkeit erhielt die 65 t schwere und mit 585 PS stärkste Schmalspurbaureihe durch Krauss-Helmholtz-Lenkgestelle mit Beugniot-Hebeln zwischen dem ersten und zweiten Kuppelradsatz sowie durch Abdrehen der Spurkränze an der Treibachse. 1976 erhielt die 99 7244 im Raw Görlitz eine Ölhauptfeuerung, bis Ende 1980 folgten alle übrigen Maschinen der Baureihe. Schon zwei Jahre später erfolgte wegen des enormen Ölpreisanstiegs und der besonderen Devisenknappheit in der DDR der Rückbau auf Kohleverbrennung. Heute sind noch alle Lokomotiven bei den inzwischen privatisierten Harzer Schmalspurbahnen eingesetzt.

Die Rügenschen Kleinbahnen

Von den Kleinbahnen auf der größten deutschen Insel, deren 750-mm-Netz 1895 zu bauen begonnen wurde und das einst 105 km maß, ist der 24 km lange Abschnitt von Putbus bis Göhren geblieben. Alle original für diese Bahn entwickelten B- und C-Kuppler sind längst verschrottet, genau wie die bis 1966 noch zu sehen gewesenen Mallet-Lokomotiven 99 4521 bis 99 4525. Zum Rügenschen Triebfahrzeugbestand hatte bis zur Ausmusterung 1966 auch die 99 4621 gehört, eine seltene Hagans-Drehschemelkonstruktion mit ursprünglich fünfachsigem Schwinghebeltriebwerk. Später wurde dieses Triebwerk ausgebaut, und die beiden hinteren Kuppelradsätze wurden durch Laufradsätze ersetzt.

99 4632 und 99 4633: Von den drei in den Jahren 1913, 1914 und 1925 von Vulkan original für Rügen gelieferten und später einheitlich auf Heißdampf umgebauten D-gekuppelten Lokomotiven sind 1992 und 1993 die 99 4632 und die 99 4633 im Aw Görlitz noch einmal gründlich aufgearbeitet worden. Sie erhielten neue Kessel und Zylinder und außerdem den grün-schwarzen Originalanstrich sowie die alte Bahnnummer. Ihre Höchstgeschwindigkeit beträgt 30 km/h. Die 99 4631 war 1985 ausgemustert worden.

99 4801 und 99 4802: Beide 1'D-Maschinen wurden 1938 bei Henschel & Sohn für die Kleinbahnen des Kreises Jerichow I gebaut und gelangten nach Einstellung dieser Bahn 1965 nach Rügen. Zwischenzeitlich war bei der 99 4802 mehrere Jahre die vordere Laufachse entfernt gewesen, da sie zu Entgleisungen neigte; dieser Umstand hatte sich durch die Maßnahme jedoch eher verschlechtert.

Die beiden 320 PS starken Heißdampflokomotiven mit 40 km/h Höchstgeschwindigkeit haben Blechrahmen. Die Laufachse wird in einem Bisselgestell geführt

Ab 1992 führten die Maschinen vorübergehend die Betriebsnummern 099 780 und 099 781. Ende 1993/Anfang 1994 wurden sie gründlich aufgearbeitet und neu bekesselt. Sie sind wegen ihrer Leistungskraft geschätzt, haben aber bislang wegen des unzulänglichen Laufwerks nie hohe Einsatzleistungen erreicht.

Bäderbahn Bad Doberan–Kühlungsborn

Die 1886 von der Mecklenburgischen Staatsbahn eröffnete und anfangs nur im Sommer betriebene Bäderbahn von Bad Doberan bis zum sieben Kilometer entfernten Ostseebad Heiligendamm hat 900 mm Spurweite bei einem kleinsten Krümmungsradius von 100 m. 1910 wurde sie um neun Kilometer bis Arendsee (heute Kühlungsborn) verlängert. Die besondere Eigenart dieser Strecke ist die Ortsdurchfahrt in Bad Doberan. Die Lokomotiven hatten deshalb Läutewerke am Schornstein und am Kohlekasten sowie Kobelschornsteine oder Schornsteinverschlußklappen zum Schutz gegen Funkenflug und Rauch. Ein weiteres Charakteristikum der Lokomotiven sind die aus Profilgründen stark eingezogenen Führerhausdächer.

Zum Betrieb der »Dampftrambahn« genügten anfangs drei leichte C-gekuppelte Maschinen (meckl. T 7), die 1923/1924 von stärkeren D-Kupplern abgelöst wurden. Diese waren auf der Strecke als 99 312 und 99 313 bis 1961 im Betrieb. Die 99 311 ist 1945 in Dänemark verschrottet worden.

99 2321 bis 99 2323: In den zwanziger Jahren hatte der Verkehr auf der Bäderbahn derart zugenommen, daß die bislang eingesetzten Lokomotiven vor den schweren Zügen an ihre Leistungsgrenze kamen. 1932 wurde daher der Triebfahrzeugpark um drei 1'D1' von Orenstein & Koppel verstärkt. Der für Schmalspurlokomotiven ungewöhnlich große Kuppelraddurchmesser von 1100 mm verlieh ihnen eine Höchstgeschindigkeit von 50 km/h mit gleich guten Laufeigenschaften für beide Fahrrichtungen. Die drei Maschinen erwiesen sich als strapazierfähig und stehen heute noch als »Molli« im Dienst, nachdem lediglich in den siebziger Jahren die Guß- gegen Stahlzylinder getauscht worden waren.

99 2331 und 99 2332:1958/59 erwarb die Deutsche Reichsbahn von der Werkbahn der Wismut drei D-gekuppelte Lokomotiven, die aus einem 1951/52 von der LOWA (Vereinigung Volkseigener Betriebe Lok- und Waggonbau) gebauten Los stammten. Nach dem Herrichten im Raw Görlitz sind sie ab 1959/60 bis heute erfolgreich auf der Bäderbahn eingesetzt. Die seinerzeit als 99 331/332 benummerten Maschinen erhielten 1961 einen Umbau auf Heißdampf; die 99 333 wurde 1968 ausgemustert. Von 1992 bis 1995 trugen die beiden verbliebenen Lokomotiven die Betriebsnummern 099 904 und 099 905, seit der Privatisierung der Bäderbahn verkehren sie wieder unter ihrer alten Nummer.

Das Raw Görlitz

Immer wieder taucht beim Thema Schmalspurlokomotiven der Begriff Raw Görlitz (nach 1990 als Aw Görlitz bezeichnet) auf. Dieser Werkstätte an der Grenze zu Polen ist es wesentlich mit zu verdanken, daß heute in den neuen Bundesländern noch immer Dampflokomotiven auf Schmalspurstrecken live zu erleben sind und daß sie sich zudem meist in einem – angesichts ihres hohen Alters – erstaunlich guten Zustand befinden.

Die Geschichte der Werkstatt begann 1909. Mit der Inbetriebnahme des Güterbahnhofs Schlauroth, der zur Entlastung von Görlitz Hbf gebaut worden war, wurde gleichzeitig das Bw Schlauroth eingerichtet mit der Besonderheit, daß ein Teil preußischer und ein Teil sächsischer Bahnhoheit unterstand, getrennt durch eine Wand. So gab es eine preußische und eine sächsische Schiebebühne, preußische und sächsische Wasserkräne und eine sächsische wie eine preußische Bekohlung.

Als 1924 die Elektrifizierung der 370 Kilometer langen Strecke von Breslau aus Görlitz erreichte, wurde Schlauroth zum E-Bw mit den Baureihen E 17, E 21, E 91, E 94, E 95. Mit Beginn der Demontage der elektrischen Anlagen und der Abfuhr aller im Bw befindlichen Elloks in die Sowjetunion im Herbst 1945 ging auch die Funktion als Bw zu Ende; Schlauroth war fortan eine Betriebswerkstatt des Bw Görlitz.

Während von 1946 bis 1949 mehr als 100 Regelspurlokomotiven in Schlauroth für das Bw Görlitz eine Revision erhalten haben, waren 1948 auch die ersten acht Schmalspurlokomotiven darunter. Mit der Übernahme von 61 Privatbahnen durch die Deutsche Reichsbahn erhöhte sich 1949 schlagartig der Bestand an Schmalspurlokomotiven auf 263 Maschinen in 47 Baureihen; die älteste hatte das Baujahr 1887. 1949 wurden in Schlauroth bereits 65 Schmalspurlokomotiven repariert, und am 1. Januar 1950 wird die Werkstatt Schlauroth des Bw Görlitz zum eigenständigen Raw Görlitz.

Es waren Vertreterinnen zahlreicher Baureihen, die in den folgenden Jahren im Raw Görlitz behandelt wurden: 38, 54, 56, 58, 75, 89, 91, 92, 94, 99, Industrielokomotiven.

1954 verläßt die 1.000., 1959 die 2.000. und 1964 die 3.000. reparierte Lokomotive das Raw Görlitz, 1966 beginnt der Bau von Schmalspurrollwagen, von Loktransportwagen und Kleincontainern. Von 1970 bis 1978 werden auch feuerlose Lokomotiven für die Industrie in das Erhaltungsprogramm aufgenommen. Zur gleichen Zeit laufen Zuarbeiten für Diesellok des Raw Cottbus (Zylinderköpfe für die Baureihen 120, 130, 131, 132), und 1977 verläßt die 5.000. Lok repariert das Werk.

1977 erfolgt der Umbau der 99 244 als erster Lok auf Ölhauptfeuerung, im Februar 1982 wird als letzte der Harzlokomotiven die 99 242 umgerüstet. Doch schon sieben Monate danach, im September 1982, beginnt der Rückbau auf Kohlefeuerung.

In den folgenden Jahren verzeichnet das Raw Görlitz in den Betriebsbüchern vieler Schmalspurlokomotiven den Umbau auf Druckluftbremse, und immer mehr Fahrzeuge werden zerlegt.

Die Zeit als Aw beginnt 1990 mit viel Optimismus. Aber der geschmolzene Bestand an Schmalspurlokomotiven reicht nicht mehr aus, auf Dauer eine Zukunft zu sichern.

Die Zeichnungen auf der gegenüberliegenden Seite zeigen die Entwicklung der sächsischen Schmalspurlokomotiven (aus: Schmalspurbahnen in Sachsen. transpress Berlin, 1983).

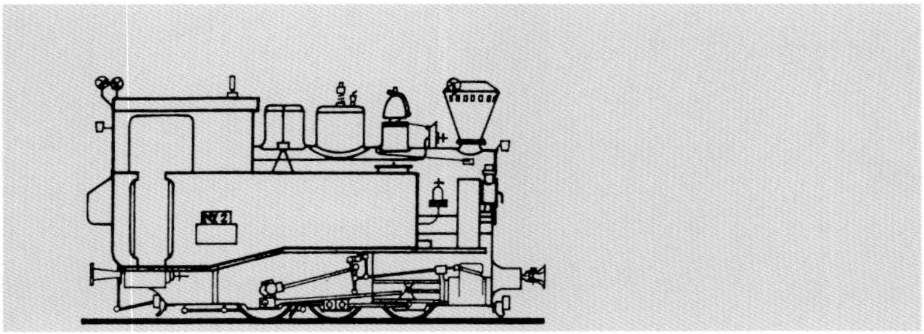

I K

II K alt

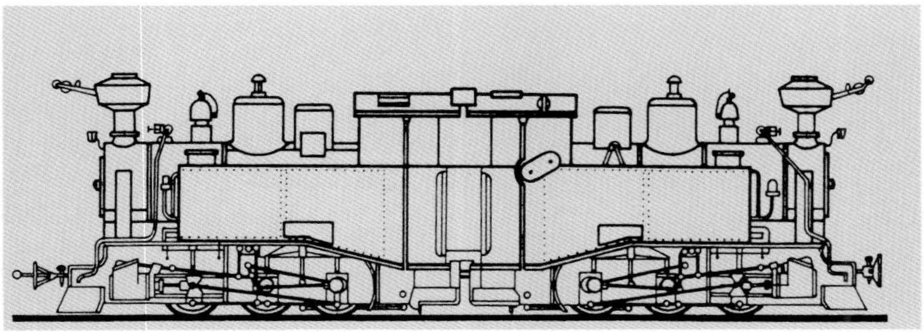

II K neu

III K

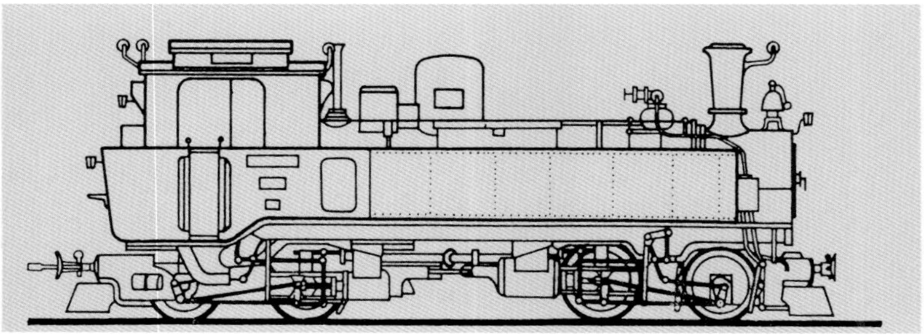

IV K

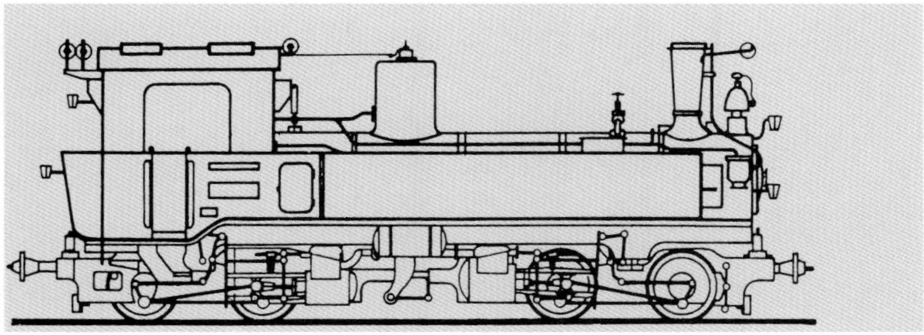

IV K Reko

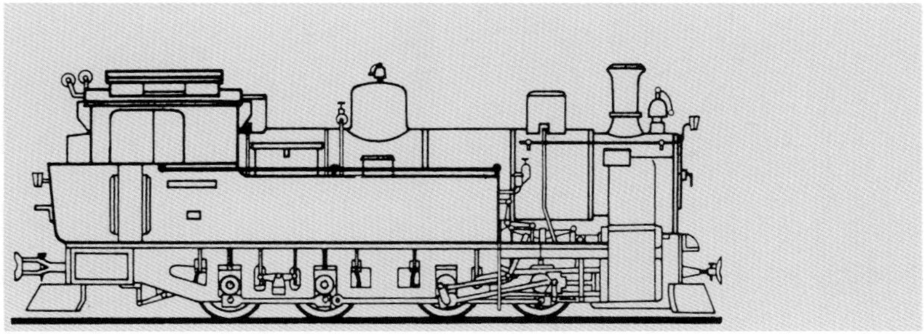

V K

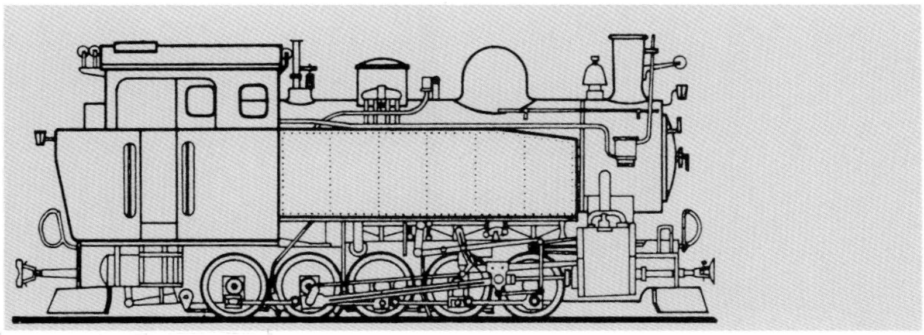

VI K

$99^{73\text{-}76}$

$99^{77\text{-}79}$

Die 99 1542 (heute 099 702) zeigt vor einem Rollwagenzug die Größenverhältnisse zwischen einem Regelspurgüterwagen und einer sächsischen IV K. März 1982.
Foto: Bodo Schulz

IV K 099 709 (ex 99 1584) im September 1993 in Mügeln.
Foto: Bodo Schulz

Die Neubau-DR 099 739 (ex 99 1775) im Sommer 1994 im Moritzburger Teichgebiet, Richtung Friedewald.
Foto: Bodo Schulz

Noch einmal die 099 739 im August 1994 bei Berbisdorf.
Foto: Bodo Schulz

Die 99 713 ist ein DRG-Nachbau der VI K, aufgenommen am 18. August 1984 in Radeburg.
Foto: Bodo Schulz

99 1749 (heute 099 728), die in den zwanziger Jahren für die 750-mm-Bahnen in Sachsen gebaute Einheitslok der DRG, im Sommer 1984 im Bahnhof Oybin.
Foto: Bodo Schulz

Die Heizerseite der DRG-Schmalspureinheitslok 099 729 (ex 99 1750) im Juli 1994 in Oybin.
Foto: Bodo Schulz

Neubaulok der DR 099 738 (ex 99 1773) im Februar 1992 bei Hammerunterwiesenthal. Foto: Bodo Schulz

Die Heizerseite der 1'E1'h2t 99 7233. September 1993, Nordhausen. Foto: Bodo Schulz

Die 99 6001 in Alexisbad, 1990.
Foto: Bodo Schulz

Vom Krupp-Schmalspurtypenprogramm ist nur die C-gekuppelte 99 6001, hier im Jahre 1982 auf der Selketalbahn in Alexisbad , realisiert worden.
Foto: Bodo Schulz

Die 99 5904 am 29. Oktober 1983 im schönsten Fotolicht in Alexisbad.
Foto: Bodo Schulz

DR-Neubau für 1.000 mm 99 7231 im Oktober 1993 in Wernigerode.
Foto: Bodo Schulz

*99 7239 verläßt Wernigerode auf der Fahrt nach Nordhausen, 15. Oktober 1989.
Foto: Bodo Schulz*

*Die D-gekuppelte 99 4632 erhielt am 1. Januar 1992 die bahnamtliche Bezeichnung 099 770. Hier im Sommer 1986 bei Seelvitz auf Rügen.
Foto: Burkhard Sprang*

Die 99 2332 in der Seitenansicht und im Schmuck anläßlich des Jubiläums »100 Jahre Molli« am 17. Juli 1986 im Bahnhof Kühlungsborn West.
Foto: Burkhard Sprang

Die 99 2332 (neu 099 905), im Juli 1986 unterwegs nach Heiligendamm, ist in Babelsberg als Werklok für die Wismut gebaut worden.
Foto: Burkhard Sprang

Die 099 901 (ex 99 2321) sonnt sich am 24. Mai 1992 in Bad Doberan. Sie hat den für Schmalspurlokomotiven ungewöhnlich großen Kuppelraddurchmesser von 1.100 mm und ist 50 km/h schnell.
Foto: Bodo Schulz

044492-7
32
4
F